친절한
과학책

친절한 과학책

Science by your side

이동환 지음

과학에서 찾은
일상의 기원

꿈결

| 책을 시작하며 |

라자로Lazarus 현상이라고나 할까?

이 책이 바로 그렇다. 라자로는 성경에 나오는 인물로 죽어서 장사 지낸 상태였으나, 예수가 그를 살려낸다. 그래서 생물학에서는 이미 멸종된 것으로 알고 있던 동물이나 식물이 살아 있는 상태로 발견되면 이를 '라자로 현상'이라 불렀다. 실러캔스Coelacanth가 대표적인 경우다.

이 책의 원고는 오랫동안 필자의 컴퓨터 하드 디스크에서 잠을 자고 있었다. 원래의 원고는 2007년부터 2010년까지 EBS의 〈책으로 만나는 세상〉과 〈대한민국 성공시대〉에 매주 출연하면서 쓴 방송 대본이었다. 책으로 낼 마음도 있었지만, 그게 그리 쉽지 않았다. 그런데 김경집 교수(전 가톨릭대 교수)를 통해 꿈결출판사의 정인회 주간을 소개받고 대화하던 중에 책의 실마리가 풀렸다. 그러니 정 주간이 이 책을 무덤에서 끌어내 왔다고 말할 수 있다. 그리고 김경집 교수가 그 실마리를 푸는 역할을 했다.

과학에 문외한이었던 내가 EBS에서 3년 이상이나 되는 긴 기간 동안 과학 책을 소개한 일이 정말 신기하다. 문과 출신인 내가 살아오면서 과학하고 친해질 이유는 별로 없었다. 그러나 어느 날 갑자기 나 자신이 세상에 대해 무지하다는 생각이 들었다. 무지와 무식을 만회하기 위해 과학 책과 인문학 책을 미친 듯이 읽기 시작했다. 인문학 책이야 그런대로 읽어 나가면 되었지만, 과학 책은 용어부터 쉽게 이해가 되지 않았다. 그렇게 매년 100권씩의 과학 책을 읽어 나갔다. 내게 한 가지에 파고드는 면이 있다는 것을 알고는 많이 놀랐다. 지금 생각해도 의아하다.

처음에는 게놈, 염색체, DNA, 유전자를 구별할 수 없었다. 또 코스모스Cosmos와 유니버스Universe, 스페이스Space의 차이에 대해서도 몰랐다. 과학의 벽은 바로 용어에서부터 시작되었다. 게다가 우리 눈으로 경험할 수 없는 거시나 미시의 세계에 대한 묘사는 항상 어려움으로 다가왔다.

하지만 계속해서 무작정 읽고 또 읽으면서 이런 장벽을 뛰어넘을 수 있었다. 또 방송에서 과학 책을 소개하려면 쉬운 용어로 바꿔서 표현해야겠기에, 이런 과정을 통해 과학과 더욱 친숙해지게 되었다. 또 대학을 비롯해 많은 도서관에서 나처럼 과학에 무지했던 분들을 대상으로 강의를 준비하면서 했던 공부가 내게 많은 도움을 주었다.

책을 다 쓰고 보니, 마치 과학사를 읽는 느낌이 든다. 우리가 역사를 공부해야 하는 이유는 역사 자체를 알기 위해서이고, 또 역사를 통해 배우기 위함이다. 과학도 마찬가지가 아닐까? 과학 그 자체를 배우고, 또 과학을 통해 다른 많은 것을 배울 수 있다. 나는 과학자들의 위대한 발견 이면에 있는 많은 재미있는 이야기를 독자들에게 들려주고 싶었다.

이 책에 자주 소개되는 빌 브라이슨의 『거의 모든 것의 역사』는 내가 과학을 공부하는 데 정말 큰 도움이 되었다. 기자이자 여행기 작가인 빌 브라이슨 역시 과학과는 거리가 먼 사람이었다. 그런 그가 과학을 전공한 사람도 쓸 수 없는 '거의 모든' 과학 분야를 포괄하는 과학 책을 썼다는 사실이 놀라웠다. 필자도 그를 닮고 싶었다. 그런 책을 쓰고 싶었다. 그러나 책 출간을 앞두고 있는 지금, 그의 책을 흉내조차 내지 못했다는 생각이 든다. 나의 능력이 아직도 한참 모자라다는 사실을 새삼 깨닫게 되었다.

이렇게 책 형태로 갖추어진 걸 보니, 이 책을 쓰는 데 내게 도움을 준 사람들의 얼굴이 떠오른다. EBS의 김준범 CP와 한진숙 PD, 이미숙 PD에게 고맙다는 말을 하고 싶다. 그리고 프로그램 진행자였던 명로진, 오종철 씨 두 분과 내 방송 원고의 첫 번째 독자였던 이선애, 이지연 작가에게도 같은 마음이다. 그리고 항상 내게 책을 낼 것을 권유한 북데일리의 임정섭 대표에게도 깊은 고마움을 표한다. 물론 이 책을 멋지게 만들어 준 이양훈 차장에게도 큰 빚을 진 기분이다. 그가 찾아낸 사진들은 나를 놀라게 만들었다.

마지막으로 내가 하는 일에 항상 격려를 아끼지 않고 밝은 미소로 힘을 준 아내에게 이 책을 바친다.

이 책이 과학을 어렵다고 생각하는 사람에게 도움이 되었으면 좋겠다. 이 책을 통해 그분들이 과학을 보다 편하게 접하고 과학 속에 담긴 재미를 발견하기를 바란다.

2013년 11월, 겨울로 들어가는 길목에서
이동환

친절한

과학책

책을 시작하며 • 004

Section 1 작은 것이 세상을 바꾼다   014
1% 차이도 크다 | 인간과 침팬지의 1% 차이 | 작은 것들이 세상을 움직인다 | 엄청난 숫자 2.5cm | 1만 분의 1 때문에 지구는 뜨거워지고 있다 | 나비 효과

Section 2 세상에 공짜는 없다   032
미즐리의 괴물 이야기, CFCs | 공기 중 이산화탄소의 비율 | 화석 연료 사용으로 인한 편안한 세상

Section 3 공생의 나라   052
정치적인 침팬지 씨 | 친절한 침팬지 씨 | 상리 공생 | 미토콘드리아와의 공생

Section 4 아마추어가 프로페셔널보다 잘할 때도 있다   066
초신성 사냥꾼 | 초신성에 관한 역사의 기록 | 노새몰이꾼이 천문학계의 영웅이 되다

Section 5 우연! 역사를 바꾸다   082
멘델이 완두콩을 선택한 것은 우연 | 푸른곰팡이의 우연한 발견 | 유럽의 아메리카 지배, 우연 때문이었다

Section 6 미쳐야 미친다   **104**
꿈이 해결한 원소 주기율표 | 뱀이 꼬리를 물고 있는 꿈

Section 7 소 뒷걸음으로 쥐 잡다   **116**
우주의 시작에 대한 증거를 찾다 | 나일론 발명

Section 8 세상은 2등을 기억해 주지 않는다.
그러나 2등도 괜찮아   **128**
2등 우주인, 달에서 골프 치다 | 불운한 천재, 리제 마이트너 | 빅뱅에 패한 프레드 호일, 원소 주기율표의 원소가 생성된 원인을 밝히다 | 고졸 출신 20대 여성, 아마추어에서 전문가가 되다

Section 9 세상의 모든 것은 돌고 돈다   **142**
해양 컨베이어, 1천 년에 걸친 여행 | 자연 생태계에 대한 무지가 빚은 재앙 | 생태계 순환

Section 10 경쟁은 자연의 기본 원리   **154**
생존 경쟁 | 번식 경쟁 | 동물 세계에서는 왜 수컷이 화려한가 | 번식 경쟁은 인간 세상에서도 일어나고 있다

Section 11 최고만 뽑아 놓는다고
최고가 되지는 않는다 **172**

파레토의 법칙 | 미친 닭 이야기

Section 12 진리는 간단하다 **180**

설명은 간단할수록 좋다 | 900단어의 혁명 | 방정식의 아름다움 | 더 간단하고 경제적인 이론

Section 13 소통해야 생존한다 **190**

꿀벌의 소통 | 개미와 고래의 의사소통 | 식물의 의사소통

Section 14 균형을 유지하라 **206**

균형을 잃으면 생명도 멈춘다 | 매력적인 얼굴은 그저 평균적인 얼굴일 뿐이다 | 매력적인 몸매의 황금 비율 | 동물들의 대칭 | 대기 농도의 균형 | 호르몬의 균형

Section 15 우리는 모두 친척이고 친구다 **220**

분자 차원에서 생명 보기 | 해부학 차원에서 생명 보기 | 제노그래픽 프로젝트를 통해 호모 사피엔스를 바라보다

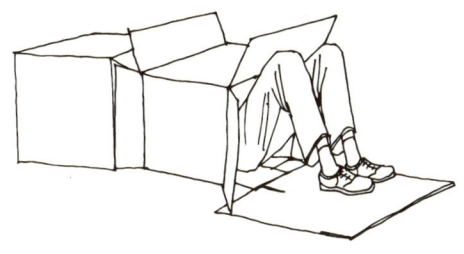

Section 16 웃어라! 웃음이 당신을
성공으로 이끌 것이다   **236**

웃음이란 무엇인가 | 웃음의 기원 | 웃음의 기능 | 미소 | 남자와 여자는 웃음의 동기가 다르다 | 웃기는 남자가 성공한다

Section 17 자신의 몸조차도 바쳐라   **258**

병의 원인을 밝히기 위한 위험한 실험 | 인간 행동의 기원을 알기 위한 실험 | 대륙 이동설 | 치명적인 푸른 빛

Section 18 유토피아? 그런 곳은 없어   **274**

바이오스피어 2 | 바이오스피어 2의 결말 | 유전자 조작 치료 혹은 유전적 진보?

Section 19 허그(hug)의 나라   **286**

하루살이의 사랑 | 암퇘지의 사랑 결과인 송로버섯 | 나방의 치명적인 페로몬 | 인간의 체취와 짝짓기 | 식물의 치명적인 사랑

Section 20 강한 자가 승리하는 게 아니라
승리하는 자가 강하다   **302**

기다림의 미학, 진드기 | 소수(素數)를 사랑하는 수학자, 매미 | 정말 징그럽게 생명력 강한 바퀴벌레 | 해파리 | 미래를 여행하고 싶은 인간의 노력

과학과 일상은 분리될 수 없고,
분리되어서도 안 된다.

_로잘린드 프랭클린(Rosalind E. Franklin, 1920~1958)

Section 1

작은 것이 세상을 바꾼다

"일을 할 때는 지혜도 중요하고, 실력도 중요하지만 더 중요한 일은 사소한 일, 혹은 사소하다고 여겨지는 일조차 가볍게 여기지 않고 완벽을 기하는 마음가짐이다."
_마쓰시타 고노스케(松下幸之助, 1894~1989, 일본 마쓰시타 전기 창업자)

1 1% 차이도 크다

2 인간과 침팬지의 1% 차이

3 작은 것들이 세상을 움직인다

'좁쌀 백 번 구르는 것보다 호박 한 번 구르는 것이 낫다'라는 말이 있다. 이 말은 일정한 크기의 목표를 달성하는 데 있어서 큰 물체나 비교적 큰 시스템을 활용하는 것이 효율적이라는 의미다. 그렇지만 효율성이 항상 좋은 것만은 아니다. 어떤 경우에는 좁쌀을 굴리는 것이 더 효과적일 수도 있다.

산업 혁명 이후 우리 사회는 대량 생산, 대량 소비 등 좀 더 큰 것에 모든 가치를 부여하고 있다. 그러나 큰 존재들도 그 부분은 작은 것들로 구성되어 있는 법. 작은 것이 결코 무시되어서는 안 된다. 작은 것이 중요한 역할을 하는 사례는 자연계에 아주 많이 존재한다.

4 엄청난 숫자 2.5cm

5 1만 분의 1 때문에 지구는 뜨거워지고 있다

6 나비 효과

1% 차이도 크다

독버섯과 식용 버섯의 1% 차이

　자연계에는 동물도 아니고 식물도 아닌 또 다른 생명체가 존재한다. 바로 균류인데, 이들의 일부를 우리는 버섯이라고 부른다. 버섯은 자연의 분해자로 주로 죽은 나무나 풀을 썩게 만들어 숲을 청결하게 만든다. 세계적으로는 15,000여 종이, 한반도에는 2,000여 종의 야생 버섯이 있다. 이들 중 30~40퍼센트가 식용 가능하다. 나머지는 먹을 수 없는 독버섯이라고 할 수 있는데, 이 둘의 성분에는 어떤 차이가 있을까?

　버섯의 성분을 분석하면, 수분이 90퍼센트, 탄수화물이 5퍼센트, 단백질이 3퍼센트, 지방이 1퍼센트이고, 나머지 1퍼센트가 무기 물질과 비타민이다. 그런데 1퍼센트 미만으로 존재하는 무기질이 어떤 것이냐에 따라 식용 버섯과 독버섯이 구분된다. 작은 차이 때문에 인간에게 효용 가치가 달라지는 것이다.

　독버섯은 가열하거나 조리를 해도 독소가 파괴되지 않는다. 그러나 전문가가 아닌 이상 식용 버섯과 독버섯을 구분하기란 어렵다. 그러나 인간에게 해를 주는 독버섯도 자연에서는 분해자의 역할을 수행한다. 독버섯은 인간을 위해 존재하지 않고, 자연을 위해 존재하고 있다는 말이다. 독버섯은 지구의 주인이 자연이지 결코 인간이 아님을 보여 주고 있는지도 모른다.

인간과 침팬지의 1% 차이

인간과 가장 가까운 동물을 꼽으라면 누구나 침팬지라고 이야기할 것이다. 생김새도 그렇지만 유전자 수준에서 살펴보아도 인간과 불과 1~2퍼센트밖에 차이가 나지 않는다. 학자들은 분자 차원에서 볼 때 침팬지와 인간은 600만 년 전에 공통 조상에서 갈라져 나왔다고 이야기한다. 그래서 유전자 구조가 비슷할 수밖에 없다. 그렇지만 인간과 침팬지는 많은 면에서 다르다. 특히나 언어 면에서 보면 큰 차이가 난다(물론 침팬지도 도구를 사용할 줄 알며, 미래를 예측하고, 자의식을 가지고 있다고 알려져 있다).

언어학자이자 진화심리학자인 스티븐 핑커Steven Pinker, 1954~는 자신의 책 『언어 본능』에서 1퍼센트 차이에 대해서 이렇게 얘기한다.

> 1퍼센트 차이는 그렇게 적은 것이 아니다. DNA 내부에 담기는 정보의 내용에서 볼 때 그것은 10메가바이트에 이르는, 보편 문법을 담기에 충분히 클 뿐만 아니라 침팬지를 인간으로 바꾸는 온갖 지침들이 저장될 수 있는 커다란 공간을 남긴다. 사실 전체 DNA에서 1퍼센트의 차이는 인간과 침팬지의 유전자들이 1퍼센트만 다르다는 것을 의미하지 않는다.

　요컨대 DNA의 1퍼센트라는 작은 차이에 의해서 고도의 문법을 선천적으로 타고난 인간과 침팬지가 구별된다. 그리고 수치상의 이 작은 차이로 말미암아 인간, 즉 호모 사피엔스는 지구상에 개체 수가 70억 명(마리)이 넘을 정도로 늘어난 반면 침팬지는 거의 멸종 위기에 처하게 되었다.

작은 것들이 세상을 움직인다

    1988년 통계에 따르면 지구상에 척추동물은 42,580종이 있으며, 무척추동물은 척추동물의 20배가 넘는 99만 종에 이른다고 한다. 그러나 최근에는 무척추동물이 1,000만 종 이상 된다고 추정하고 있다. 무척추동물이 이렇게 다양한 이유는 이들의 크기가 작아서 환경의 아주 좁은 영역에서도 생존이 가능하기 때문이다. 또 무척추동물은 6억 년 전부터 지구에서 살아오면서 환경에 아주 잘 적응해 왔다.

    무게를 따졌을 때에도 무척추동물이 지구의 지배자임을 확인할 수 있다. 예컨대 브라질 열대 우림 지역 1만 평방미터에는 수십 마리의 새와 포유동물이 산다. 그러나 같은 공간에서 서식하는 무척추동물은 1조 마리가 넘는다. 1헥타르에 서식하는 동물의 평균적인 전체 중량은 약 200킬로그램인데 무척추동물이 그중 93퍼센트를 차지한다.

    이들은 생태계에서 어떤 역할을 담당할까? 개미들은 박테리아, 균류, 진드기와 함께 대부분의 죽은 식물을 처리하고 그 영양분을 식물에게 되돌려 준다. 덕분에 거대한 열대 우림이 유지되는 것이다. 요컨대 무척추동물은 자연의 순환에서 매우 중요한 역할을 하고 있다.

    "우리는 무척추동물을 필요로 하지만, 그들에게 우리는 쓸모없는

존재다. 인류가 내일 당장 사라진다고 해도 세상은 큰 변화 없이 지속될 것이다. 지구상에 존재하는 생명의 총체인 가이아는 스스로 상처를 치유하고 풍족한 환경이 존재하던 10만 년 전의 상태로 돌아갈 것이다. 그러나 만약 무척추동물이 사라진다면 인간은 불과 몇 개월도 버티기 힘들 것이다. 모든 어류, 양서류, 조류, 포유류들이 거의 동시에 멸종될 것이다. 다음에는 현화식물(종자식물)이 사라질 것이고, 그와 함께 전 세계 숲과 육상 서식지의 물리적 구조가 파괴될 것이다. 흙은 썩어 갈 것이다. 영양소의 순환 경로가 좁아지고 끊어지면서 죽은 초목들이 쌓인 채 말라 버릴 것이다. 따라서 척추동물도 사라지고, 세계는 수십 년 안에 주로 박테리아와 조류, 그리고 아주 단순한 소수의 다세포 식물로 구성돼 있던 10억 년 전의 상태로 돌아갈 것이다.

무척추동물을 보존하기 위한 주장은 새롭게 강조돼야 한다. 페루의 계곡이나 태평양 섬의 고유 식생이 파괴된다면, 그 결과 몇몇 종의 새들과 수십 종의 식물들이 멸종할 것이다. 우리는 그러한 비극을 고통스럽게 받아들이는 반면에 수백 종의 무척추동물이 사라질 것이라는 사실을 인식조차 하지 못한다. 인간은 그 정도로 아둔한 존재다."(『우리는 지금도 야생을 산다』 145쪽)

엄청난 숫자 2.5cm

남아메리카 대륙과 아프리카 대륙은 대서양을 두고 서로 바라보고 있다. 눈썰미가 있는 사람이라면, 바다를 없애고 두 대륙을 갖다 붙이면 퍼즐 조각처럼 딱 들어맞을 것처럼 생겼음을 알아차릴 수 있다.

독일의 기상학자 알프레트 베게너Alfred Lothar Wegener, 1880~1930는 세계의 대륙들이 한때는 판게아Pangaea라고 부르는 하나의 대륙이었기 때문에 식물과 동물이 현재의 각 대륙으로 흩어질 수 있었으며, 그 후에 대륙들이 서로 떨어져 지금의 위치로 움직여 갔다고 주장했

판게아

▶ 1930년 그린란드 탐사에 나선 베게너(왼쪽) 생전 마지막 사진이다.

다. 그는 자신의 이론과 주장을 모아서 1912년 독일에서 『대륙과 대양의 기원』이란 제목의 책을 발간했다.

그러나 대부분의 학자들은 베게너의 의견을 무시했다. 베게너는 지질학자도 아니었고, 독일인이었기에 그랬으리라(이때 독일이 1차 세계 대전을 일으켰기 때문이다). 학자들은 선사 시대에 남아메리카와 아프리카 각각의 대륙에서 같은 동물이 살았다는 화석의 증거에 대해 대륙 사이에 '육교'가 있었기 때문이라는 터무니없는 주장을 늘어놓기까지 했다. 1964년판 『브리태니커 백과사전』마저도 베게너의 의견에 '심각한 이론적 문제'가 있다고 지적했을 정도였다.

베게너가 주장한 것처럼 대륙이 움직인다면 엄청난 에너지가 필요할 터. 하지만 베게너는 이에 대해서는 확실한 설명을 하지 못했다. 영국의 지질학자 아서 홈스Arthur Holmes, 1890~1965는 '지구 내부의 방사성 열 때문에 대류 현상이 일어난다'는 사실을 최초로 이해했음에도 불구하고 대륙 이동에 대해서는 확신을 가지지 못했다.

1950년대에 해양학자들은 바다 밑을 탐사하면서 놀라운 사실을 발견한다. '지구에서 가장 크고 거대한 산맥은 대부분 바다 밑에 있었던 것이다'. 예컨대 하와이 군도는 해저 산맥 중의 높은 봉우리가 수면 위로 올라와 만들어진 것이다. 이는 바다 속 땅들이 끊임없이 활동하고 있다는 증거였다.

1963년, 케임브리지 대학의 드러먼드 매슈스Drummond Matthews, 1931~1997는 대서양 바닥이 확장되고 있으며 대륙도 움직이고 있다는 사실을 명백히 밝혀냈다. 그리고 1968년 말에 지각의 움직이는 부분을 판Plate이라고 부르게 되면서 '판 구조론Plate Tectonics'이 드디어 인정을 받게 되었다.

그렇다면 대륙은 1년에 얼마만큼 움직일까? 측정 결과, 남아메리카 대륙과 아프리카 대륙은 매년 2.5센티미터씩 멀어지고 있다. 머리카락이 1년에 15센티미터 정도 자란다고 하니, 대륙의 움직임은 머리카락이 성장하는 속도의 6분의 1에 불과하다. 이렇게 느리게 움직여도 100년이면 2.5미터에 달한다. 이렇게 단순히 계산해 나가면 1억 년에 2,500킬로미터를 움직인다. 인간의 입장에서 보았을 때 1억 년이라는 시간은 상상할 수 없을 만큼 긴 시간이다. 그러나 지질학적 시간으로 볼 때 1억 년은 그리 긴 시간이 아니다. 조금의 차이라도 긴 세월이 지나면 엄청나게 큰 변화를 가져온다.

지각은 끊임없이 움직이고 있다. 보통 유라시아 판, 태평양 판, 오스트레일리아 판 등 '~판'이라고 표현을 하는데, 이 판이 움직이면서 다른 판들과 충돌한다. 이때 일어나는 현상이 바로 지진이고, 쓰나미도 이에 따라 생기는 현상이다. 지구상에서 가장 높은 봉우리인 히말라야 산맥 역시 인도-호주 판과 유라시아 판이 충돌하면서 그 압력으로 솟아오른 것이다.

1만 분의 1 때문에 지구는 뜨거워지고 있다

공기의 성분을 분석해 보면 질소가 78퍼센트, 산소가 21퍼센트를 차지하고 이산화탄소는 0.03퍼센트에 불과하다. 이산화탄소의 양은 보통 ppm으로 표현한다. ppm은 parts per million, 즉 1백만 분의 1을 의미한다. 산업 혁명 이전에 대기 중 이산화탄소량은 280ppm이었다. 요컨대 대기 1백만 그램에서 이산화탄소가 차지하는 양은 280그램이라는 말이다. 그런데 지금은 380ppm 수준이다(미국 해양대기청은 2013년 5월에 대기 중 이산화탄소 농도가 400ppm을 넘어섰다고 발표했다). 산업 혁명 이전보다 불과 100만 분의 100(즉 1만 분의 1)이 증가했을 뿐인데 우리 지구는 끓어오르고 있고, 이로 인해 일부 학자들은 지구의 미래에 묵시록적인 재앙이 오리라고 전망하고 있다. 이는 이산화탄소가 온실가스이기 때문이다. 요컨대 이산화탄소가 태양에서 지구로 들어오는 열을 대기 중에서 끌어안고 있다고 생각하면 된다. '1만 분의 1'도 결코 적지 않다.

지난 1세기 동안 지구 온도는 평균 0.8도 정도 상승했다. 한국처럼 사계절이 있는 나라는 일교차가 클 때는 하루에도 10여 도 이상 차이가 나기에 1도를 그다지 크게 생각하지 않을 테지만, 평균 1도는 아주 큰 숫자다. 사람의 체온을 생각해 보라. 평균 체온에서 3도만 올라가도 우리의 생명은 위험해진다. 온도가 1도 상승하면 전염병 발생률이 4.27퍼센트 상승한다는 한국보건사회연구원의 발표도 있었다. 한국의 경우, 지난 1세기 동안 기온이 얼마나 상승했을까? 세계 평균의 거의 2배인 1.5도 상승했다.

한 논문은 통계청 사망 자료와 기상청 관측 자료를 분석한 결과, 온도 1도가 상승할 때 자살률은 1.4퍼센트가 높아진다고 보고하고 있다. 공기의 아주 적은 구성 성분인 이산화탄소의 아주 '작은' 증가가 우리 지구를 멸망의 위기로 몰아가고 있는지도 모른다.

나비 효과

1천 분의 1 차이가 허리케인을 몰고 오다

'아마존에 있는 나비 한 마리의 날갯짓이 텍사스에 허리케인을 불러온다'라는 말로 유명한 '나비 효과'는 나중에 카오스 이론으로 발전하게 된다.

나비 효과는 기후를 예측하는 과정에서 나왔다. 기상학자 에드워드 로렌츠Edward Norton Lorenz, 1917~2008는 기후 예측 모델을 통해서 아주 미미한 변수가 나중에는 엄청난 결과를 가져올 수 있음을 발견했다. 1961년, 그는 기상 예측을 위해 0.506127과 같은 소수점 여섯 자리의 숫자를 입력해야 했다. 그런데 그는 소수점 3자리만을 입력해도 별 문제가 없을 거라는 생각에 0.506만 입력해 넣었다. 1,000분의 1 차이는 무시해도 될 만큼 미미한 숫자라고 보았고 기상 예측 결과에도 큰 영향을 미치지 않으리라고 생각했다. 그러나 그 결과는 엄청났다. 1,000분의 1 차이에 불과할 정도로 미미한 나비의 날갯짓이 허리케인이 되어 버린 셈이다. '나비'라는 용어가 나온 이유는 연구 결과 도출된 수치를 화면에 표시하

◤ 기후 예측의 수치 결과를 나타낸 그림

고 보니, 그 모습이 나비와 비슷했기 때문이다.

에드워드 로렌츠는 1963년에 《미국대기과학저널》에 발표한 「결정론적 비주기적 흐름」이라는 논문에서 '초기 조건에 대한 민감한 의존성'이란 개념을 설명하기 위해 오늘날 '나비 효과'라 불리는 이론을 세움으로써 카오스 이론의 바탕을 마련했다.

과학자들은 카오스 이론을 통해, 과거에는 예측 불가능한 현상, 요컨대 언뜻 보아서는 불규칙하고 무질서해 보였던 현상 속에 사실은 정연한 질서와 규칙이 있음을 알아내게 된다. 카오스 이론은 기후뿐만 아니라 경제학이나 생물학 등 다른 학문에서도 활용되고 있다. 경제학자들은 주식의 변화에 활용하고 있으며, 생물학자들은 뇌와 심장의 활동에 이 이론을 활용하고 있다.

작은 것이 세상을 바꿀 수 있다.

REFERENCE

권오길 지음, 『흙에도 뭇 생명이』(지성사, 2009)
스티븐 핑커 지음, 김한영 옮김, 『언어본능』(동녘사이언스, 2008)
에드워드 윌슨 지음, 최재천 옮김, 『우리는 지금도 야생을 산다』(바다출판사, 2005)
빌 브라이슨 지음, 이덕환 옮김, 『거의 모든 것의 역사』(까치, 2003)
에드워드 로렌츠 지음, 박배식 옮김, 『카오스의 본질』(파라북스, 2006)
마쓰시타 고노스케 지음, 남상진·김상규 옮김, 『길을 열다』(청림출판, 2009)
연합뉴스, 2009년 2월 12일 "온도 1도 상승에 자살자 1.4% 증가"
농민신문, 2009년 1월 20일 "보사연, 온도 1도 상승하면 전염병 4.27% 증가"

Section 2

세상에 공짜는 없다

1 미즐리의 괴물 이야기, CFCs

2 공기 중 이산화탄소의 비율

아빠가 식구들을 좋은 음식점으로 데려간다. 화목한 가정의 전형적인 모습이다. 그런데 실은 아빠가 그동안 회사 일 때문에 바쁘다는 핑계로 퇴근 후에 술을 많이 마셨고 귀가도 늦었다. 아빠는 가족들에게 미안한 마음을 표현하기 위해 외식 자리를 마련했다. 그동안 가정에 소홀해서 식구들에게 빚을 졌다고 생각했기에 그 같은 자리를 만든 것이다. 이렇게 해서 아빠는 가정에 소홀했던 과오에 대해 비용을 지불한 셈이다.

또 다른 장면을 생각해 보자. 어떤 남자가 자신이 좋아하는 여자와 함께 좋은 음식점으로 향한다. 그녀의 환심을 사기 위해서다. 여자는 감사한 마음으로 맛있게 음식을 먹었다. 자, 이제 여자의 입장에서 한번 생각해 보자. 남자가 음식을 사 주었기에 맛있게 먹기는 했지만 뭔가 빚을 진 느낌이 든다. 그래서 다음에 만나자는 남자의 전화에 더 다정하게 대답했고, 만남이 지속되었으며, 마침내 둘은 결혼했다. 그날 얻어먹은 음식은 결코 공짜가 아니었다. 남자는 여자를 자신의 아내로 만들려는 작전에 성공한 셈이다. 여자는 남자와 결혼함으로써 자신이 맛있게 먹었던 음식 값을 치렀다.

두 남자가 최고급 식당에서 음식과 술을 마시고 있다. 두 남자는 거래 관계가 있는 회사의 담당자다. 이를테면 비즈니스 세계에서 갑과 을의 관계다. 이날 만남은 을이 갑에게 대접을 하는 자리다. 갑은 을이 대접한 음식과 술을 맛있게 먹었다. 며칠 후 갑의 회사는 을의 회사 제품을 구입하게 된다. 이 거래는 갑이 맛있게 먹은 음식에 대한 비용이리라.

위의 세 가지 상황이 다소 극단적이기는 하지만, '이 세상에 공짜는 없다'라는 격언을 확인하는 데는 부족함이 없다. 정말이다. 세상에 공짜는 없다.

3 화석 연료 사용으로 인한 편안한 세상

미즐리의 괴물 이야기, CFCs

지구 대기권은 고도에 따라 대류권, 성층권, 중간권, 열권, 외기권 등으로 구분된다. 기상의 변화는 대류권에서 나타나며 다른 권역에는 오존층을 생성하고 전자기파를 반사하는 등의 성질을 보이는 특이층이 존재한다. 대류권에서는 고도 100미터를 올라갈 때마다 섭씨 0.6도 낮아지기 때문에 높은 산에는 여름에도 눈이 녹지 않는다. 그러나 성층권으로 올라가면 온도는 올라간다.

지상으로부터 약 32킬로미터 지점인 성층권 내의 오존층은 지구 생명의 보호막 역할을 한다. 오존층은 우주의 가혹한 공격으로부터 지구상의 모든 생명을 보호해 주는 첫 번째 보호막이다. 1929년, 괴츠 Paul Götz가 오존층의 위치를 발견했다. 오존층이라는 이름은 오존ozone에서 유래했고, 오존은 그리스어 ozein에서 나왔다. '어떤 냄새가 난다'는 뜻이다. 오존에서는 염소(Cl)와 비슷한 냄새가 나기 때문이다.

오존층은 높은 에너지의 자외선을 차단하는 역할을 한다. 오존층을 통과하는 낮은 에너지를 가지고 있는 자외선은 사람의 체내에서 비타민 D를 합성하도록 해 구루병과 뼈 질환을 예방하게 해 준다. 그러나 에너지가 높은 자외선은 인간의 면역 시스템을 파괴하고 피부

오존층

암과 백내장을 일으킬 뿐만 아니라 해양 먹이 사슬의 기초를 이루고 있는 조류藻類를 파괴하기도 한다.

우리가 외출할 때 자외선 차단제를 발라야 하는 이유는 높은 에너지의 자외선이 오존층을 통과해서 지표면까지 내려오기 때문이다. 즉 오존층이 제 역할을 하지 못하고 있다는 말이다. 왜 오존층이 제 역할을 하지 못하게 되었을까? 이를 알기 위해서는 1930년대에 일어난 일을 살펴보아야 한다.

토머스 미즐리Thomas Midgley, 1889~1944는 제너럴 모터스에 근무했다. 이곳에서 그는 가솔린이 불균일하게 연소하면서 귀에 거슬리는 소리가 나는 것을 없애기 위한 방법을 연구했다. 오랜 연구 끝에 가솔린에 납을 첨가하자 이 문제가 해결되었다. 이 연구 결과, 1923년에 세계 최초로 유연 휘발유가 탄생하면서 미즐리는 자신의 이름을 알리게 된다. 하지만 지금은 무연 휘발유를 사용하고 있다. 유연 휘발유에 포함되어 있는 납이 인체에 나쁜 영향을 미치기 때문이다.

이어 미즐리는 냉장고에 사용할 냉매를 개발하게 된다. 이전에 사용하던 냉매는 독성이 있어 자주 사고를 일으켰다. 그래서 인체에 무해하고 불도 붙지 않으며 절대적으로 안전한 물질을 찾게 되었다. 여러 가지 물질을 시험하던 중 미즐리는 우연히 이런 조건에 적합한 물질을 만들어 낸다. 바로 프레온이었다. 이는 사람이나 동물에게 아무런 영향을 미치지 않았다. 마침내 프레온과 밀접한 관련이 있는 가족 물질들(CFCs, 클로로풀루오로카본)은 미국에서 인기를 누리는 냉매가 되었다.

CFCs는 살충제 분사기나 헤어스프레이의 추진체로 사용되면서 에어로졸 스프레이 캔의 원료가 되었다. 미즐리는 화학 분야의 영웅으로 떠올랐다. 그러나 빛이 있으면 그늘이 있는 법, 세상에는 공짜가 없었다. 그때는 CFCs가 장기적으로 어떤 영향을 미칠지 전혀 몰랐다. CFCs의 짙은 그림자를 확인하게 된 때는 1944년 미즐리가 사망하고도 한참이나 지나서였다.

1960년대 중반, '가이아 가설'로 유명한 제임스 러브록James Lovelock, 1919~은 자신이 살고 있는 시골에서 여름이면 안개가 자주 끼는 현상에 의문을 가진다. 기상청에 문의했지만 신통한 대답을 들을 수 없었다. 호기심 많은 과학자인 러브록은 자신이 발명한 장비(많은 종류의 화학 물질을 미량이라도 탐지할 수 있는 장비)를 활용해 안개의 원인을 알아내기 위한 조사를 시작한다. 조사 결과, CFCs의 농도가 높기 때문임을 알아낸다. 하지만 그는 CFCs가 어떤 위험을 가져올지에 대해서는 전혀 몰랐다.

미국 캘리포니아 대학의 셔우드 롤런드Sherwood Rowland, 1927~는 러브록의 논문을 읽고는 의문이 생겼다. 러브록이 측정한 CFCs의 농도는 낮았지만 그동안 측정된 양을 모두 합하자 그때까지 지구상에서 생산된 모든 CFCs의 양과 비슷했다. 놀랄 만한 일이었다. 대기 중의 물질은 대부분 몇 주일만 머물다가 사라지거나 아니면 비에 씻긴다. 그렇다면 CFCs는 대기 중에서 사라지지 않고 아주 오랫동안 머문다는 이야기가 된다.

롤런드는 자신의 조수인 마리오 몰리나Mario Molina, 1943~에게 CFCs가 대기 중에서 어떻게 남아 있는지에 대해 연구하라고 지시한다. 몰리나가 연구해 본 결과 CFCs는 물에 녹지 않기 때문에 비에 씻겨 땅으로 돌아가지 않으며, 다른 화학 반응을 통해서도 파괴되지 않았다.

결국 CFCs는 바람과 구름을 일으키고 날씨를 변화시키는 대기의 천장 위로 올라가 밝고 희박한 성층권까지 도달했다. 오존층까지 올라간 CFCs는 자외선과 만나게 된다. 그러자 CFCs에 있던 염소 원소가 풀려났으며 일련의 복잡한 반응을 통해 염소 원자 하나는 오존 분

▲ 오존층의 오존이 파괴됨으로써 태양 광선 속 높은 에너지의 자외선을 막는 보호막이 약해지고 있다.

자에서 여분의 산소 원자를 떼어 내고, 정상적인 산소 원자를 남겨 놓는다. 그 결과 우리 지구의 생명을 보호해 주는 오존 분자 두 개가 무력한 산소 원자 세 개로 변한다($2O_3 \rightarrow 3O_2$). 몰리나가 계산을 해 보니, 염소 원자 하나가 평균 10만 개의 오존 분자를 파괴할 수 있음을 알게 되었다.

몰리나는 현재까지 방출된 CFCs의 양을 계산하고, 그것이 성층권까지 날아오르는 데 걸리는 시간을 계산했다. 그랬더니 100년 만에 오존층은 현재 존재하는 오존 분자 중 10퍼센트를 잃는 것으로 나타났다. 그렇지만 10퍼센트는 시작에 불과했다. 오존 파괴에 따른 위험성은 모든 지구 생명체의 생존을 위협할 만한 것이었다. 마리오 몰리나는 집에 돌아가 아내에게 이렇게 말했다. "연구는 잘돼 가고 있어. 그렇지만 세상의 종말이 곧 다가올 것 같아."

규모가 80억 달러에 이르는 CFCs 시장을 사수하기 위해 듀폰 DuPont은 과학자들을 동원해 롤런드와 몰리나의 주장에 약점이 있는 부분을 공략했다. 그러나 효과는 없었다. 1970년대의 미국 대중들 사이에는 레이첼 카슨Rachel Carson, 1907~1964의 『침묵의 봄』에서 비롯된 환경 오염에 대한 경각심이 여전히 남아 있었기 때문이다.

과학계의 지속적인 연구 결과는 오존층이 감소하고 있음을 확인시켜 주었다. 다만 오존층이 없어지는 데 걸릴 시간에 대해서는 일치를 보지 못했다. 1983년과 1984년에 걸쳐 영국인 과학자 조 파먼Joe Farman, 1930~2013이 남극에서 측정한 결과는 매년 남반구의 봄이 시작될 때마다 오존 잔량의 약 40퍼센트씩 감소하고 있음을 보여 주었다. 한마디로 말해서 하늘에 구멍이 뻥 뚫린 셈이었다.

1987년 9월 16일, 21개국과 유럽 공동체는 유해한 물질이 배출되는 것을 제약하기 위해 만든 최초의 국제 협약인 '몬트리올 의정서'에 서명했다. 이 협약을 통해 각 나라들은 20세기 말까지 CFCs 생산량을 50퍼센트 감축하기로 합의했다. UN에서는 몬트리올 의정서 서명일인 9월 16일을 '오존층 보호의 날'로 정했다. 1988년에 들어서면서는 북반구의 오존층도 얇아지고 있음이 확인되었다. 오래지 않아 세계 최대의 CFCs 제조 업체인 듀폰사는 CFCs 생산을 중단한다고 발표했다.

1990년 런던에서 서명된 수정안은 20세기 말까지 CFCs 생산을 완전히 금지할 것을 요구했다. 1995년 롤런드와 몰리나는 CFCs의 위험을 밝힌 공로로 노벨 화학상을 수상했다. 그렇지만 문제가 해소된 것은 아니다. 먼저 현재 대기 중에 존재하는 CFCs가 사라지려면 오랜 시간이 필요하다. 또한 아직도 개발도상국에서는 수백만 톤의 CFCs가 사용되고 있고, 노후한 장비 속에 산재되어 있거나 신밀하게 보존되고 있다. 파괴된 오존층은 21세기 안에 복구되리라고 전망하고 있지만, 우리는 20세기에 너무나 큰 비용을 지불했다.

Section 2
2

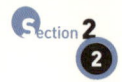

공기 중 이산화탄소의 비율

이 낮은 비율의 이산화탄소로 말미암아 지구 온난화가 왔다

매년 초여름이 되면 언론에서는 그해의 여름 날씨에 대해 이렇게 이야기한다.

"올 여름은 기상 관측 사상 제일 더운 여름이 될 것입니다."

정말 지구는 매년 더욱 뜨거워지고 있다. '지구 온난화'가 지속되고 있다는 말이다. 과연 앞으로 100년간 지구의 온도는 얼마나 올라갈까? 얼마나 더 뜨거워질까?

지구의 역사를 살펴보면 빙하기와 빙하기 사이에 간빙기가 존재했다. 이는 지구의 기온이 오르락내리락하는 것이 자연적인 순환이었음을 보여 준다. 그래서 일부 학자들은 지금의 온난화도 자연스러운

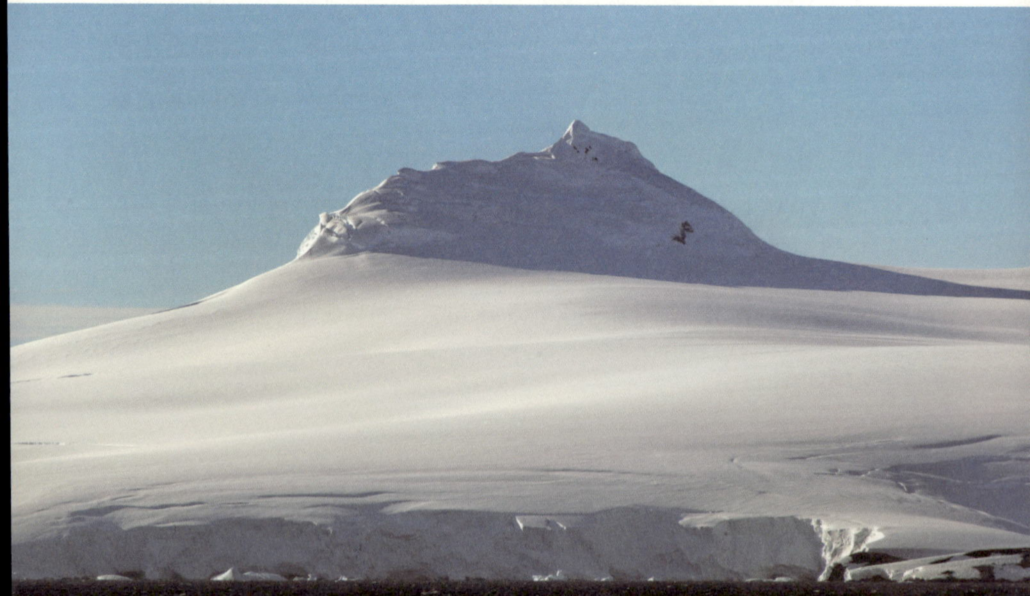

과정에 불과하다고 말하기도 한다. 그런데 문제는 기후 변화의 속도에서 차이가 난다는 점이다. 과거의 기후 변동은 수천 년, 수만 년에 걸쳐 서서히 일어났지만 지금의 변화는 엄청난 속도로 일어나고 있다. 이렇게 속도가 빨라지게 된 원인이 바로 이산화탄소 때문이라는 것에 대부분의 학자들이 동의하고 있다. 지구 온난화의 원인을 둘러싼 논란을 잠재운 것은 바로 얼음이었다.

남극 대륙은 지구상에 있는 어떤 나라의 영토도 아니다. 1959년 남극 조약에 의해 평화적인 과학 조사만 할 수 있게 되었기 때문이다. 우리나라도 이곳에 세종기지를 설치하고 과학자를 파견해 많은 연구를 수행하고 있다. 동토의 땅인 이곳에서 어떤 과학적 연구가 수행되는지에 대해 일반인들은 잘 모른다. 그렇지만 한 가지 연구만 기억해도 남극에서 진행되는 과학 활동의 중요성을 잘 알 수 있다.

남극의 빙상, 즉 얼음의 두께는 제일 두꺼운 부분이 4킬로미터에 달한다. 정말 상상할 수 없을 정도의 얼음이 남극 대륙을 뒤덮고 있

다. 이 얼음 안에는 지구 과거의 역사가 담겨 있다. 이 역사가 밝혀진 장소는 러시아의 보스토크 기지였다.

남극에는 러시아의 연구 기지가 있다. 우리나라가 설치한 기지에 우리 민족의 자랑스러운 왕인 세종이란 이름을 붙였듯 러시아는 이 기지에 보스토크라는 이름을 붙였다. 보스토크는 동방이란 뜻으로, 러시아 유인 우주선의 이름에서 따왔다. 보스토크 1호에는 세계 최초의 우주인인 유리 가가린 Yurii Gagarin, 1934~1968이 타고 있었다. 그러니 보스토크라는 이름에는 러시아의 자부심이 담겨 있다고 할 수 있다.

보스토크 기지가 있는 곳은 연평균 기온이 영하 55도에 달할 정도로 남극에서도 매우 척박한 지역이다. 이곳은 1983년 7월 21일에 영하 89.2도의 최저 기온을 기록하기도 했다. 이 기온이 지구상에서 관측된 가장 낮은 온도다.

남극은 건조한 지역이어서 강설량이 적다. 북극권에 위치한 그린란드보다 강설량이 적다. 그래서 그린란드 빙하는 3킬로미터 깊이를 채취해도 13만 년 전의 과거를 알아낼 수 있을 뿐이지만, 같은 깊이의 남극 빙하는 50만 년에서 100만 년 전까지의 과거를 복원해 낼 수 있다. 요컨대 남극의 얼음은 오래된 지구의 기억을 담고 있다는 말이다. 그렇다면 남극의 얼음 속에 무엇이 있을까 하는 궁금증이 생긴다.

눈이 내리고, 이것이 얼음이 되는 과정에는 시간이 걸린다. 처음 눈이 내리면 눈과 눈 사이에는 공기가 있게 마련이다. 시간이 지나 눈이 얼음으로 변하면 얼음 속에는 눈이 내린 시기의 공기가 그대로

남극의 빙하에는 지구의 대기에 관한 역사가 숨어 있다.

사로잡히게 된다. 그 공기는 갇힌 당시의 대기 화학 조성과 일치한다. 즉, 얼음 속에 든 공기는 '대기의 화석'이나 다름없다. 1967년, 빙하 코어(빙하에 구멍을 뚫어 시추한 원통 모양의 얼음 기둥으로, 지구 환경 변화의 기록을 간직하고 있어 얼어붙은 타임캡슐이라 부른다) 굴착이 시작된 뒤 마지막 빙하기의 대기 중 이산화탄소 농도가 200ppm라는 사실이 빙하 연구를 통해 밝혀진다. 지구의 역사 속에서 대기 중 이산화탄소의 농도는 지속적으로 상승해 온 것이다. 이런 명백한 진실 앞에서 대기 중 이산화탄소와 지구의 기온에 관한 논란은 종지부를 찍었다. 지금은 어떤 논란도 없다. 과거의 기후를 안다는 것은 미래를 예측할 수 있다는 의미다. 즉, 우리는 이산화탄소 농도를 줄여야 한다는 진리를 얼음을 통해서 배우고 있는 셈이다.

프랑스의 수학자 장 밥티스트 푸리에(Jean Baptiste Fourier, 1768~1830와 아일랜드 물리학자 존 틴들John Tyndall, 1820~1893은 연구를 통해, 이산화탄소를 비롯한 일부 가스들이 태양의 자외선 복사는 통과시키지만 지구의 표면이 태양에 의해 데워지면서 방출되는 적외선 열은 가둔다는 사실을 밝혀냈다(우리의 육안으로 확인할 수 있는 태양의 광선을 가시광선이라고 한다. 그런데 가시광선은 태양에서 오는 광선의 일부에 불과하다. 태양의 광선에는 자외선과 적외선이 포함되어 있다. 적외선은 가시광선과 자외선보다 강하게 열작용을 일으키기 때문에 열선(熱線)이라고도 한다. 이에 비해 자외선은 화학작용을 일으킨다. 여름의 강렬한 햇볕에 노출되었을 때 피부가 상하는 것은 자외선 때문이다. 지구까지 온 자외선과 적외선은 지속적으로 누적되지 않고 일부는 반사되어 우주로 방출된다. 하지만 이산화탄소를 비롯한 일부 가스들은 지구에서 우주로 방출되는 자외선은 통과시키지만 강한 열작용을 일으키는 적외선은 통과시키지 않는다. 이로 인해 지구가 점점 더워지는 것이다). 이런 사실을 알고 있던 스반테 아레니우스Svante Arrhenius, 1859~1927는 만약 대기에서 열을 가두는 이런 종류의 가스들이 어떤 이유 때문에 감소한다면 세계가 점점 더 추워질 거라고 추론했다. 아레니우스는 대기의 이산화탄소가 3분의 1에서 2분의 1 정도 감소하면 지구의 온도가 섭씨 13도가량 냉각될 것이라고 생각했다. 반대로 대기의 이산화탄소가 두 배로 증가하면 세계의 평균 온도가 섭씨 5.6도가량 증가하리라 예측했다. 100여 년 넘는 과거에 실행한 아레니우스의 이와 같은 예측은 IPCCIntergovernmental Panel on Climate Change, 기후 변화에 관한 정부 간 협의체의 평가와 아주 비슷하다. 이는 아레니우스의 계산 방법과 연구 모델이 매우 훌륭했음을 증명해 준다. 또한 그는 고위도에서는 열대 지역보다 온난화 정도가 더 크다고 주장하기도 했다. 아레니우스는 1903년에 노벨 화학상을 수상했다.

    1958년 중반, 캘리포니아에 있는 스크립스 해양연구소의 찰스 데이비드 킬링Charles David Keeling, 1928~2005은 이산화탄소의 수준을 측정하기 시작했다. 그는 좋은 자료를 확보하기 위해 해발 4,200미터 높이의 하와이 마우나로아 화산 정상으로 갔다. 그곳에서 측정된 이산화탄소의 농도는 놀랍게도 315ppm이었다. 이산화탄소 농도는 꾸준히 증가하여 1965년에는 320ppm, 지금은 380ppm에 이른다.

화석 연료 사용으로 인한 편안한 세상

지구 온난화

지구 시스템의 운동 반응 시간차(지구의 거대한 구조로 인해 자극에 비해 반응이 늦게 나타나는 것을 말한다. 예를 들어 지구의 기온 상승은 태양열 복사나 온실가스로 인한 대기의 변화보다 뒤쳐져서 나타난다. 그리고 지금 당장 이산화탄소 배출을 제로(0) 상태로 만든다 하더라도 대기 중에는 이산화탄소가 계속 존재하기 때문에 기온은 일정 기간 동안 지속적으로 오르게 된다) 때문에 1도 정도의 온도 상승은 이미 시작된 것이나 마찬가지다. 내일 당장 이산화탄소 배출량이 전혀 없더라도 온도는 당연히 오른다. 이는 그동안 우리가 대기 중에 뿜어낸 이산화탄소의 양이 워낙 많기 때문이다. 기온은 앞으로 적어도 30년 동안 급격히 상승하리라 예상할 수 있다.

그리고 전문가들은, 지구가 지금보다 기온이 3도 오르면 '탄소 순환'이 역전된다고 말한다. 날이 더워지면 식물이 이산화탄소를 흡수하지 않고 오히려 대기에 배출하기 때문이다. 이런 상태가 되면 대기 중의 탄소 농도는 2100년에 250ppm까지 올라가며(이산화탄소가 아니라 탄소 농도를 말한다. 『6도의 악몽』 155쪽), 이에 따라 온도는 1.5도 상승할 것으로 추정된다. 이런 상태가 지속되면 온난화에 가속이 붙게 된다. 전문가들은 21세기 말이면 지구 온난화로 인해 기온이 4~4.5도 상승할 것으로 보고 있다. 이는 정말 최악의 시나리오이고 인간에게는 재앙이다. 지구의 온도가 3도가량 오른다면 6도까지 오르는 일은 당연히 따라오는 현상이 될 것이다.

지구 온난화에 따라 이득을 보는 지역도 생겨난다. 북극 같은 지역은 날씨가 온화해짐에 따라 식량 생산이 가능해진다. 그런데 그 이면을 살펴보면 등골이 오싹해진다. 무슨 얘기인가 하면, 일단 북극에 얼음이 없어지면 북극곰과 같은 동물이 멸종하리라 예상할 수 있다. 그런데 사실 그것은 그리 중요한 일이 아닐 수도 있다. 왜냐하면 더욱 두려운 일이 기다리고 있으니 말이다.

북극의 얼어붙은 토양에는 약 5천억 톤 정도의 탄소가 묻혀 있다고 추정되고 있다. 이런 북극의 땅이 녹으면 이 탄소의 상당량이 대기 중으로 배출된다. 그렇다면 지구 온난화는 더욱 심해질 것이다. 이에 대해 한 과학자는 "우리는 북극 냉장고의 플러그를 뽑아 버렸습니다. 이제 안에 들어 있던 것이 전부 썩기 시작할 것입니다."라며 심한 우려를 표시하고 있다.

그렇다면 우리 인간은 이렇게 지구가 뜨거워지는 것을 마냥 지켜보면서 멸종을 기다려야만 하는 것인가.

물론 방법은 있다. 과학자들은 먼저 지구의 온도를 2도 정도 오른 상황에서 막아야 한다고 말한다. 『6도의 악몽』의 저자인 마크 라

이너스Mark Lynas, 1973~는 실질적인 '에너지 효율'과 광범위한 '신기술'들이 결합되어야 지금의 위기에서 벗어날 가능성이 있다고 말한다. 프린스턴 대학의 로버트 소콜로우Robert Socolow와 스티븐 파칼라Stephen Pacala가 발표한 논문은 이런 저자의 주장을 뒷받침해 주고 있다. 두 학자의 아이디어는 여러 가지 기술을 환경을 지키는 하나하나의 '쐐기'로 간주해서 지구 온난화를 막아 보고자 하는 것이다.

소콜로우와 파칼라는 탄소 배출량을 줄이면서 더 많은 에너지를 소비할 수 있도록 해 주는 특효약은 없다고 분명히 말한다. 다만 우리가 선택할 수 있는 부분은 다음과 같은 것이다. "세계 모든 자동차들의 연비를 1갤런당 30마일에서 60마일로 높인다면, 하나의 쐐기를 안정화시킬 수 있다. 마찬가지로 자동차 한 대당 평균 이동 거리를 매년 1만 마일에서 5천 마일로 줄여도 비슷한 효과를 얻을 수 있다. 건물이나 발전 시설을 더 효율적으로 만들어도 하나의 쐐기를 안정시킬 수 있다. 발전에 석탄보다 가스를 더 많이 사용하거나 가스 발전소를 네 배 늘인다면, 이 역시 하나의 쐐기 안정 효과를 낼 수 있다." 다시 말하면 이런 쐐기를 박아서 지구 온난화를 막아 보자고 호소하고 있는 것이다. 마크 라이너스는 또 하나의 제안을 한다. "열대림 벌목을 금지해야 한다."고 말이다.

우리는 저마다 지구 온난화의 심각성을 알고 있으면서도 이를 그냥 바라보고만 있다. 가정에서는 에너지 사용을 전혀 줄이지 않고 있으며, 반드시 필요한 상황이 아닐 때에도 자동차를 이용하는 것이 일

◤ 지구 온난화가 더 이상 진행되지 않도록 하기 위해서는 에너지 효율을 높이는 신기술 개발과 더불어 인류의 인식 변화가 필요하다.

상화되어 있다. 생활의 편리함을 포기하고 싶지 않기 때문이다. 하지만 이제는 어느 정도 편리함을 포기해야 할 시기가 가까이 오고 있다. 전 미국 대통령 빌 클린턴은 "우리는 경제의 속도를 늦추고 온실가스 방출을 줄여야 한다. 우리 자손들을 위해 지구를 구해야 하기 때문이다."라고 말한다. 이 말은 경제 성장을 최고의 가치로 두고 있는 우리들에게 시사하는 바가 크다. 경제의 속도를 늦추거나 아니면 경제가 퇴보해야 온난화를 막을 수 있다는 말이다. 이제 더 이상의 기온 상승은 위험하다. 모두를 잃어버릴 수 있기 때문이다. 인간의 아둔함을 잘 나타낸 문장이 있다. "우리는 잃은 다음에야 그것의 중요성을 알게 된다." 하지만 무엇이 중요한지를 깨닫기도 전에 우리 인간이 지구상에서 사라질지도 모른다.

REFERENCE

가브리엘 워커 지음, 이충호 옮김, 『공기 위를 걷는 사람들』(웅진지식하우스, 2008)
앨런 와이즈먼 지음, 이한중 옮김, 『인간 없는 세상』(랜덤하우스코리아, 2007)
괴츠 휩페 지음, 장경애 옮김, 『하늘은 왜 푸를까』(이치, 2009)
마크 라이너스 지음, 이한중 옮김, 『6도의 악몽』(세종서적, 2008)
프레드 피어스 지음, 김혜원 옮김, 『데드라인에 선 기후』(에코리브르, 2009)
오코우치 나오히코 지음, 윤혜원 옮김, 『얼음의 나이』(계단, 2013)
빌 매키번 지음, 김승진 옮김, 『우주의 오아시스, 지구』(김영사, 2013)

Section 3

공생의 나라

백지장도 맞들면 낫다

1 정치적인 침팬지 씨

2 친절한 침팬지 씨

세상에 협동이 존재하지 않는다면 어떨까? 정말 이빨과 손톱 그리고 피가 난무하리라. 또 인간 사회가 이만큼 거대해지지도 않았으리라. 인간이 자신의 몸집보다 큰 동물을 사냥하고, 메트로폴리스의 스카이라인을 만들어 낸 것은 모두 협동의 결과다. 어디 인간 사회만 그런가? 사회생활을 하는 모든 동물 세계가 그렇고, 우리의 몸속으로 들어가도 협동의 증거는 쉽게 발견할 수 있다. 그리고 다른 생물 종들 사이에도 협동의 모습이 존재한다. 바로 공생이다.

우리 세계는 모두 연결되어 있다. 먹이 사슬에 의해 먹고 먹히는 관계도 있지만, 서로 간에 도움을 주면서 살아가는 존재도 많다.

3 상리 공생

4 미토콘드리아와의 공생

정치적인 침팬지 씨

인간과 생물학적 계통상 가장 가까운 동물은 침팬지다. 침팬지는 유전적으로 우리와 가장 가깝다. 즉, 공통 조상을 가지고 있다는 말이다. 약 600만 년 전에 공통 조상에서 분기했으리라고 분자유전학에서는 이야기하고 있다. 침팬지는 우리와 유전자가 비슷하기에 사회적인 활동도 아주 닮아 있다.

침팬지 사회에는 우두머리가 존재한다. 우두머리는 먹이에 접근할 수 있는 최우선권이 있을 뿐만 아니라, 암컷에 대한 독점적 소유권을 갖고 있다. 그렇기에 수컷들 간에는 끊임없이 우두머리 자리를 놓고 다툼이 벌어진다. 침팬지는 키가 인간보다 작지만 힘은 훨씬 세고 송곳니가 아주 발달되어 있어 우두머리 자리를 두고 쟁탈전을 벌이는 과정에서 상대방을 죽이는 경우도 흔히 발생한다.

네덜란드 아른헴 동물원에는 침팬지 무리가 있다. 동물행동학자인 프란스 드 발Frans de Waal, 1948~은 이들을 연구하는 과정에서 아주 중요한 부분을 발견한다.

상식적으로 볼 때 침팬지 무리의 우두머리가 되기 위해서는 가장 싸움을 잘해야 한다고 생각할 수 있다. 그렇지만 힘이 세고 싸움을

잘한다는 조건만 가지고는 충분하지 않다. 침팬지 무리를 관찰한 결과, 힘이 세다고 해서 우두머리가 되지는 않았기 때문이다. 그렇다면 우두머리가 되기 위해서는 어떤 자질이 필요할까?

　침팬지 우두머리에게 필요한 자질은 바로 정치력이었다. 그들은 수놈 두 마리가 연합해 가장 강력한 수놈을 몰아낼 줄 알고 있었다. 혼자서 대결한다면 힘이 제일 센 수놈이 당연히 승자가 될 테지만, 침팬지 사회에서는 힘이 세다고 해서 1인자가 되지는 않는다. 그리고 일단 우두머리 자리에 오르더라도 그 자리를 지키기 위해서는 또 다른 정치력이 필요했다. 그것은 바로 암컷들과의 관계였다.

　우두머리가 된다 해도 그 자리에 머무는 기간이 짧을 수도 있다. 자리다툼을 하다가 일찍 죽기도 한다. 그러나 암컷은 그렇지 않다. 암컷은 오래 살아 있다. 게다가 힘이 센 암컷은 수컷들 간에 세력 다툼이 생겼을 시 판정에도 깊이 관여한다. 암컷의 지지를 받지 못하면 수컷은 우두머리가 될 수 없다.

Section 3-2

친절한 침팬지 씨

'협력을 통해 문제를 해결한다', '순수한 마음으로 친절을 베푼다'는 말은 더 이상 사람에게만 해당되지 않는다. 인간과 가장 유사한 동물인 침팬지의 새로운 특징이 과학 잡지 〈사이언스〉지에 발표되었다.

독일 막스 플랑크 연구소의 앨리샤 멜리스Alicia Melis 박사는 침팬지의 협동 능력을 알아보기 위해 침팬지 여덟 마리를 각각 독방에 넣어 이들이 어떻게 먹이를 얻어내는지를 관찰했다. 각 방에는 먹잇감이 가득 든 투명한 상자가 놓여 있었다. 이 상자는 양 옆에 있는 줄을 동시에 당길 때에만 열리도록 만들어졌다. 혼자서 두 줄을 모두 당길 수 있을 때 침팬지들은 다른 침팬지가 자기 방에 들어오는 것을 허락하지 않았다. 하지만 두 줄의 간격이 너무 넓어 혼자서 당기지 못하게 됐을 때 침팬지는 방문을 열어 다른 침팬지를 방 안으로 불러들였다. 이런 행동을 여러 번 반복한 뒤에는 다른 침팬지 중에서도 가장 협조적인 상대를 골라 불러들이기 시작했다.

침팬지들이 먹이를 얻기 위해 협력하는 사

례는 여러 번 보고된 적이 있다. 그러나 침팬지가 언제, 누구에게서 최적의 도움을 받을 수 있는지를 명확하게 알고 있다는 것을 보여 준 것은 이 실험이 처음이었다.

그렇다고 침팬지가 항상 먹이를 얻기 위해서만 협력하는 것은 아니다. 같은 연구소의 펠릭스 바르네켄Felix Warneken 박사와 마이클 토마셀로Michael Tomasello 박사는 어린 침팬지 세 마리 모두가 땅에 떨어진 사육사의 펜을 주워 돌려주었다는 실험 결과를 같은 호 〈사이언스〉지에 소개했다. 이는 침팬지가 아무 목적 없이 친절을 베푼다는 점을 보여 준다.

친절은 인간 고유의 특징으로 지금까지 동물에게서는 관찰된 적이 거의 없었다. 멜리스 박사는 "진화론적 관점에서 침팬지의 친절은 이타적인 인간의 특성이 수백만 년 전부터 존재했다는 것을 보여 준다"고 말한다.

상리 공생
같이 행복하게 살아요

상리 공생이란 서로 다른 종류의 동물이 상대가 가진 능력을 통해 서로 도우며 살아가는 것을 뜻한다. 먼저 소를 생각해 보자. 소는 풀을 먹고 산다. 되새김질하는 소의 위 속에는 셀 수 없을 만큼 많은 수의 박테리아와 작은 섬모충이 살면서 자신들이 생산하는 효소를 통해 셀룰로오스cellulose, 식물 세포벽의 주요 구성 성분를 만들어 소가 사용할 수 있게 한다. 소는 이러한 박테리아나 섬모충에게 적당한 온도와 충분한 먹을거리가 보장되는 이상적인 삶의 터전을 제공함으로써 그 대가를 지불한다.

식물 세계로 들어가서 한번 살펴보자. 공생 관계에서 가장 잘 알려진 사례는 콩과 식물과 뿌리혹박테리아의 관계다. 식물의 뿌리혹에 사는 박테리아들은 공기 중 질소를 고정하여 식물에게 제공한다. 콩과 식물은 많은 양의 질소가 필요하다. 콩과 식물은 박테리아 덕분에 정기적으로 제공되는 비료에 들어 있는 질소에만 의존하지 않아도 되는 것이다. 전 세계적으로 뿌리혹박테리아는 공기 속에 무한대로 존재하는 질소 중 연간

1억 2,000만 톤을 고정한다. 따라서 농가에서는 많은 양의 콩과 식물을 심은 뒤 일정 기간이 지나 뿌리혹박테리아 덕분에 식물에 충분한 질소가 축적되면 밭을 갈아엎는다. 이는 나중에 그 밭에 심을 곡식이나 기타 식물에게 충분한 양의 질소를 제공하기 위한 방식으로 비싼 인공 비료를 사용했을 때의 효과를 그대로 거둘 수 있다. 요컨대 '녹색 비료'를 만드는 셈이다. 인공 비료를 만들기 위해서는 많은 화석 연료가 필요하다. 따라서 인간은 뿌리혹박테리아에 기생하는 것과 마찬가지다.

그렇다면 뿌리혹박테리아는 왜 질소를 고정할까? 식물의 뿌리에 사는 박테리아는 적의 공격으로부터 보호를 받으며 식물이 제공하는 유기 물질로 안락한 삶을 살 수 있다. 주인인 식물에게는 필수 영양소인 질소를 제공해 주고 자신은 식물로부터 안전을 보장받는다. 이런 공생 관계에 의해 지구상에 존재하는 유기 단백질의 3분의 1이 만들어진다.

개미는 진딧물의 젖을 짜서 진딧물의 단물을 얻는 대신에 무당벌레와 같은 유해한 곤충을 집단으로 공격하여 진딧물을 보호한다. 할미새는 덩치가 큰 야생동물의 몸에 붙어 있는 기생충을 잡아먹는다. 악어새와 악어의 관계도 유명하다. 악어새는 악어의 피부뿐 아니라 입 안에 있는 기생충까지 잡아먹는다. 악어는 기생충을 제거할 수 있어 이익이고, 악어새는 먹이를 얻을 뿐만 아니라 포식자로부터 보호도 받게 된다.

식물과 꽃가루 매개자인 나비, 벌, 새의 관계도 마찬가지다. 식물은 매개자를 자신의 꽃이나 열매로 유인하기 위해 아름다운 색으로 꽃을 만들고 향기를 뿜으며 영양분이 많은 열매도 맺는다. 최재천 교수는 꽃을 '식물의 생식기'라고 표현한다. 하지만 식물의 생식기는 자신의 암컷을 유혹하는 것이 아니라 매개 동물을 향한 것이다. "나 대신 내 여자 친구를 만나 줘"라고 식물을 의인화한 표현을 보니 슬며시 웃음이 나온다. 매개자들에게 꿀이나 열매는 생존에 필수적인 먹이다. 나아가 인간도 이 관계에서 각종 혜택을 입고 있다. 그러나 인간이 숲을 없애 버리고, 또 살충제를 무차별적으로 뿌린다면 우리는 해로운 기생충이나 다름없다.

인간 사회에서도 거래와 교역은 상리 공생의 좋은 예다. 하지만 불평등한 거래와 교역에서는 기생 관계가 성립할 것이다. 서로 간에 손해가 없는 상태에서의 교환이 상리 공생이고 윈윈 전략인 것이다. 반면 편리 공생은 한 개체만이 이익을 얻고, 한 개체는 아무런 손해나 혜택이 없는 경우를 일컫는다.

미토콘드리아와의 공생

『코스모스』의 저자인 칼 세이건Carl Sagan, 1934~1996은 대학 시절 한 여학생을 만난다. 나중에 그 여학생과 결혼도 하게 된다. 그러나 둘은 오래 같이 살지 못하고 이혼한다. 칼 세이건은 아내가 인정하는 최고의 과학자가 되기를 원했지만, 그의 부인은 스스로 최고의 과학자가 되길 원했기에 둘은 이혼으로 끝맺음을 했다.

그 부인이 린 마굴리스Lynn Margulis, 1938~2011다. 그녀는 자신이 원했던 것처럼 최고의 과학자 반열에 오를 수 있었다. 그녀의 이론이 생물학 교과서에 실려 있다. 바로 '미토콘드리아mitochondria 공생설'이다. 앞에서 소개한 몇 가지 공생 사례는 자연의 극히 일부분을 관장할 뿐이다. 이에 반해 미토콘드리아 공생은 자연계에서 가장 거시적인 공생의 사례이고, 현재 지구상에 모든 생물이 존재하는 이유이기도 하다.

미토콘드리아는 한마디로 '생명의 발전소'라 말할 수 있다. 세포 속에 들어 있는 미토콘드리아는 우리가 생존하는 데 필요한 모든 에너지를 생산한다. 세포는 산소를 이용해 음식물을 연소한다. 이 세포 하나마다에는 보통 수백에서 수천 개의 미토콘드리아가 들어 있다.

성인 한 사람이 갖고 있는 미토콘드리아는 약 1경 개 정도이며, 우리 몸무게의 약 10퍼센트에 해당한다. 사실 1경 개라고 하면 우리는 그 숫자가 얼마만큼 큰지도 모른다. 우리 몸 안에도 천문학적인 숫자가 들어 있는 셈이다.

우리의 세포 안에는 세포핵이 있고, 그 안에 DNA가 들어 있다. DNA는 생명체에 있어서 가장 중요한 물질이기에 핵막으로 보호받고 있다. 그런데 세포질에 있는 미토콘드리아는 자체적인 DNA를 가지고 있다. 미토콘드리아의 아득한 선조들은 유기체 속에서도 독립적인 자유 생활을 누렸던 셈이다. 홀로 자유 생활을 누리던 미토콘드리아가 과거 어느 시점에 큰 박테리아의 세포 속으로 들어가 공생 생활을 시작했다. 다시 말해, 큰 박테리아(숙주)는 침입자(미토콘드리아)가 자신의 내부로 들어와 안전하게 생활할 수 있도록 해 주었고, 미토콘드리아는 그 대가로 숙주에게 필요한 에너지를 만들어 주는 것이다.

지구상에 존재하는 다세포 생물인 동물과 식물의 세포 안에는 반드시 미토콘드리아가 있다. 미토콘드리아는 약 20억 년 전에 큰 세포 안으로 들어왔다고 추정된다. 진핵세포(원핵세포는 세포 내에 핵막이 없는 세포를 말하고, 진핵세포는 핵막이 있다. 원핵세포를 가진 생물을 원핵생물이라 부른다. 진핵세포는 원핵세포보다 나중에 나타났는데, 원핵세포보다 크기도 크며 DNA도 훨씬 많다)가 탄생한 것이다. 진핵세포는 세포핵과 세포질이 있는 세포를 말한다. 식물과 동물은 모두 진핵세포로 구성되어 있다. 이 공생의 시작으로 말미암아 다세포 생물이 생겨나게 된 것이다.

미토콘드리아 이브Mitochondrial Eve 혹은 아프리카 이브African Eve 라는 단어를 들어 본 적이 있을 것이다. 이 단어는 인류 최초의 여성을 뜻한다. 성경에서 이브가 최초의 여성으로 표현되었기에 이렇게 이름이 붙여졌다. 미토콘드리아는 모계로만 유전된다. 정자세포에도 미토콘드리아가 있으나, 정자가 난자에 들어가는 순간 정자의 세포핵만 들어가고 세포질에 있는 미토콘드리아는 들어가지 못한다. 그래서 수정란에는 난자의 미토콘드리아만 존재하게 된다.

REFERENCE

최재천 지음, 『최재천의 인간과 동물』(궁리, 2007)
위르겐 브리디 지음, 안미라 옮김, 『산책로에서 만난 즐거운 생물학』(살림, 2009)
차윤정·전승훈 지음, 『숲 생태학 강의』(지성사, 2009)
프란스 드 발 지음, 김희정 옮김, 『영장류의 평화 만들기』(새물결, 2007)
프란스 드 발 지음, 이충호 옮김, 『내 안의 유인원』(김영사, 2005)
닉 레인 지음, 김정은 옮김, 『미토콘드리아』(뿌리와이파리, 2009)
린 마굴리스·도리언 세이건 지음, 홍욱희 옮김, 『마이크로 코스모스』(김영사, 2011)
〈사이언스〉 2006월 3월 – 〈과학동아〉에서 재인용

Section 4

아마추어가 프로페셔널보다 잘할 때도 있다

겉만 보고 판단하지 말라.
Don't judge a book by it's cover.

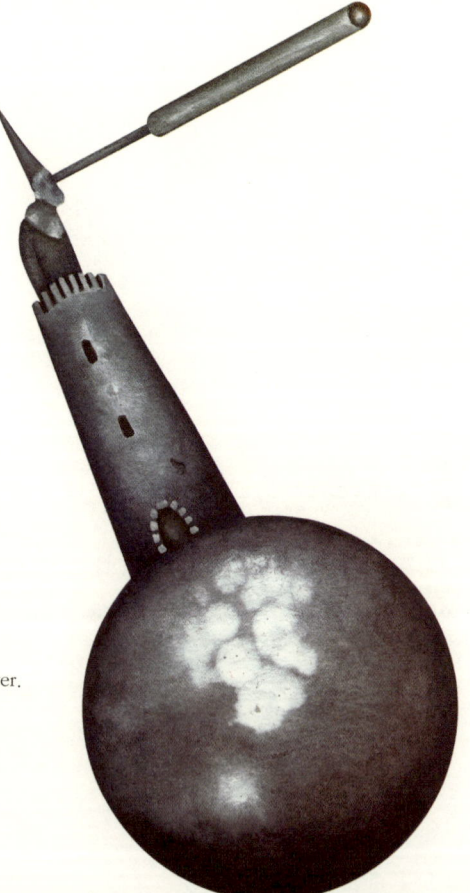

1 초신성 사냥꾼

2 초신성에 관한 역사의 기록

2009년은 유엔이 정한 '세계 천문의 해'다. 1609년 11월, 갈릴레오는 이탈리아 파도바에 있는 자신의 집 뒤뜰에서 직접 만든 망원경으로 달을 관측했다. 우리 인간이 우주의 신비에 더 가까이 가는 시발점이 된 순간이었다. 그래서 그로부터 400주년이 되는 2009년을 '세계 천문의 해'로 정했다.

그 후 400년 동안 망원경은 엄청난 발전을 거듭했다. 렌즈를 이용한 광학 망원경에서 시작해 전파 망원경으로 발전했으며, 우주에 떠 있는 망원경도 이미 100개가 넘는다. 그래서 지금 우리는 이전에는 상상할 수 없을 만큼 우주의 비밀에 대해서 많이 알고 있다. 하지만 아직도 모르는 부분이 더 많다.

갈릴레오 이후 많은 과학자들이 우주의 신비를 파헤치고 있다. 칼 세이건, 조지 헤일(George Ellery Hale, 1868~1938), 스티븐 호킹(Stephen Hawking, 1942~), 윌리엄 허셜(William Herschel, 1738~1822) 등 명성이 뛰어난 전문가들이 즐비하다. 그러나 위대한 과학적 발견이 전문가들의 전유물은 아니다. 위대한 업적을 이룬 아마추어 천문가도 있다.

3 노새몰이꾼이 천문학계의 영웅이 되다

초신성 사냥꾼

"로버트 에번스Robert Owen Evans, 1937~는 천체들의 이별 순간을 찾아내는 데에 다른 사람들보다 월등히 뛰어난 능력을 가지고 있다." 고 빌 브라이슨William McGuire Bryson, 1951~은 자신의 책 『거의 모든 것의 역사』에서 말하고 있다. 로버트 에번스는 목사로, 19세기 종교 운동에 대해 연구하고 있으며, 밤에는 하늘의 거인으로 변해 초신성(supernova)을 사냥한다.

초신성은 우리 태양보다 훨씬 더 거대한 별이 수축되었다가 극적으로 폭발하면서 1,000억 개의 태양이 가진 에너지를 한순간에 방출하여 한동안 은하의 모든 별을 합친 것보다 더 밝게 빛나는 상태를 말한다. 초신성이 폭발하는 순간에는 태양이 100억 년 동안 방출할 에너지를 한꺼번에 터뜨릴 정도로 엄청나게 큰 에너지가 발생한다. 만약 지구에서 10광년 이내의 거리에서 초신성이 폭발한다면 지구는 사라져 버린다.

별은 탄생해서 초신성의 폭발로 생애를 마칠 때까지 핵융합을 통하여 탄소, 산소, 규소, 철과 같은 갖가지 원소들을 만들어 내부에 품고 있다. 초신성 폭발은 그 원소들을 우주로 환원하는 과정이 된다.

우리의 몸을 이루는 원소들은 대부분이 별에서 왔다.

지구상의 모든 원소와 우리 몸을 이루는 원소들은 대부분 별 속에서 만들어진 물질이다. 우리가 사용하는 많은 물건들, 우리가 매일 사용하는 차 그리고 우리의 몸을 구성하는 물질들은 한때 초신성을 이루던 물질이었다. 따라서 초신성의 폭발은 새로운 별을 만드는 과정이기도 하다. 그런 의미에서 별은 우리의 고향이며, 우리는 별의 후손이다. 그래서 사람들은 모두 별을 사랑하는지도 모른다.

초신성은 한 달 정도만 관측된다. 초신성이 다른 별들과 구별되는 것은 하늘의 비어 있던 곳에서 갑자기 나타난다는 점이다. 그렇지만 드넓은 하늘에서 초신성을 발견하는 일은 쉽지 않다. "검은 식탁보를 덮은 식탁 위에 한 줌의 소금을 뿌린 경우를 생각해 보면 된다. 흩어진 소금 알갱이들이 은하인 셈이다. 소금이 뿌려진 그런 식탁 1,500개가 월마트 주차장을 가득 채우고 있거나, 4킬로미터에 걸쳐서 늘어서 있다고 생각해 보자. 그 식탁 중의 하나에 소금 알갱이 하나를 더 뿌리고 나서, 로버트 에번스 목사에게 그 소금 알갱이를 찾아내도록 하면, 그는 단번에 더해진 소금 알갱이를 찾아낼 것이다. 그 소금 알갱이가 바로 초신성이다."(『거의 모든 것의 역사』 44쪽)

에번스 목사는 이렇게 이야기한다. "저는 다른 일에는 재주가 없습니다. 사람들 이름도 잘 기억하지 못합니다. 물건을 넣어 둔 곳도 기억을 못해요."(『거의 모든 것의 역사』 44쪽)

초신성이란 단어는 프리츠 츠비키Fritz Zwicky, 1898~1974에 의해 1930년대에 생겨났다. 이렇게 생겨난 단어인 supernova에서 nova는 라틴어로 '새로운 별'이라는 뜻이고 super는 '초超'라는 의미를 가지고 있다. 사실 초신성은 새로운 별이 아니라 오히려 죽은 별을 의미한다. 하지만 초신성은 새로운 별을 탄생시키는 재료를 제공한다.

우리가 맨눈으로 볼 수 있는 별의 개수는 6,000개 정도이고, 한곳에서 볼 수 있는 것은 2,000개 정도라고 한다. 그리고 한곳에서 쌍안경을 이용하면 5만 개의 별을 볼 수 있다. 소형 2인치 망원경을 이용하면 30만 개, 에번스가 사용하는 것과 같은 16인치 망원경을 사용하면 별의 개수가 아니라 은하의 수를 셀 수도 있다. 에번스의 집 마당에서 5만에서 10만개 정도의 은하를 볼 수 있고, 각각의 은하에는 수백억 개의 별들이 있다. 수천억 개의 별로 이루어진 대부분의 은하에서도 초신성 폭발은 200~300년 만에 한 번 정도 일어난다. 그러니 초신성을 관측하는 일은 아주 어려운 일임에 틀림이 없다.

1980년대에 천문학계에 알려진 초신성의 개수는 60개 이내였다. 그런데 에번스는 2001년에 자신의 34번째 초신성을 발견했으며, 2003년 초에는 36번째 초신성을 발견해 냈다. 2005년까지 40개의 초신성을 발견했다. 그는 어떤 유명한 천문학자보다도 많은 초신성을 발견했다. 이러한 일이 가능했던 이유는 무엇일까?

대부분의 천문학자들은 북반구에 있다. 그런데 에번스는 남반구인 호주에서 남쪽 하늘을 거의 독점할 수 있었다. 또 그가 사용한 16인치 망원경은 대형 망원경에 비해 움직임이 빨라 몇 초 만에 한 곳을 살펴볼 수 있다. 그는 하룻밤에 400개의 은하를 관측할 수 있었다. 그러나 대형 망원경을 사용한다면 최대 50~60개 정도를 관측할 수 있을 뿐이다.

그는 1980년부터 1996년 사이에 한 해 평균 2개를 찾아냈다. 13일 동안 3개를 찾은 경우도 있었지만, 3년 동안 하나도 못 찾은 경우도 있었다. 지금 천문학계에서는 대형 망원경에 디지털 카메라를 장착해 초신성을 찾는 작업을 하고 있다. 캘리포니아에 있는 로렌스 버클리 연구소는 이 새로운 기술을 활용하여 5년 만에 무려 42개의 초신성을 찾아냈다. 에번스는 이것이 불만족스러웠던 모양이다. "이제 초신성을 찾아내는 일에서도 낭만이 사라져 버렸지요."(『거의 모든 것의 역사』 49쪽) 그렇다. 아마추어의 작업에는 프로페셔널에게는 없는 낭만이 있는 것이다.

초신성에 관한 역사의 기록

만약 우리와 가까운 별이 초신성이 되어 폭발한다면 지구에는 영향이 없을까? 다트머스 대학의 천문학자인 존 소스텐슨John Thorstensen은 지구로부터 10광년 이내에서 초신성 폭발이 일어나야 지구가 위협을 받을 수 있다고 말한다. 그 정도 거리에서 폭발한다면 우주선宇宙線, cosmic rays을 비롯한 여러 가지 복사선이 우리를 직접 죽일 수 있다. 또 초신성으로 폭발하기 위해서는 태양보다 10~20배 더 무거운 별이어야 하지만, 지구 주변에는 그런 크기의 별이 없다. 지구와 가장 가까이 있는 후보는 오리온자리에서 가장 밝은 별인 베텔기우스인데, 이 별도 지구에서 5만 광년이나 떨어져 있으니, 지구

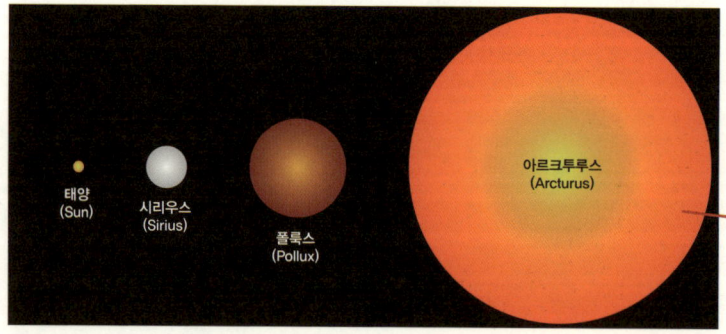

는 안전하다고 할 수 있다.

　맨눈으로 볼 수 있을 정도로 가까이에서 일어났던 초신성 폭발에 대해 남아 있는 기록으로는 1054년 게성운(5,000광년) 폭발의 경우로, 이때의 폭발 이후 3개월 동안이나 맨눈으로 초신성을 관측할 수 있었다고 한다. 낮에도 볼 수 있을 정도였고, 밤이면 그 빛으로 책을 읽을 수 있었다. 1604년에 일어난 초신성 폭발은 낮에도 볼 수 있을 정도로 밝은 상태가 3주 이상 계속되었다. 『조선왕조실록』 「선조실록」에도 객성客星이 나타났다고 기록되어 있다. 가장 최근에 확인된 초신성(1979년 3월 5일)은 지구로부터 16만 9천 광년(빌 브라이슨과 칼 세이건은 18만 광년)이나 떨어진 대마젤란성운에서 일어났다.

　초신성이 왜 중요할까? 그 이유는 우리의 존재를 설명해 주는 현상이기에 그렇다. "대폭발(빅뱅)에서 원소들이 많이 생겨났지만, 무거운 원소들은 만들어지지 않았다. 그런 원소들은 훨씬 후에 만들어졌지만, 아무도 그런 원소들이 어떻게 만들어지게 되었는지는 알 수가

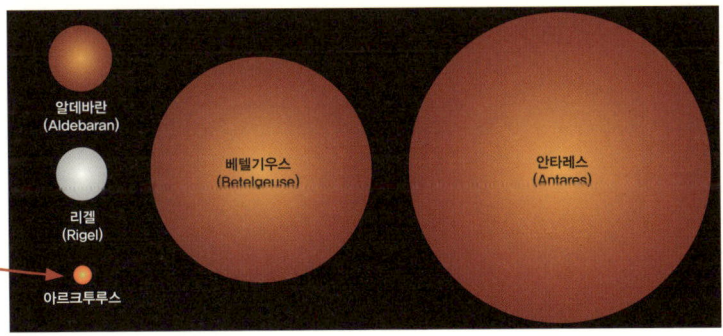

▰ 대마젤란성운

없었다. 우리가 존재하기 위해서 꼭 필요한 탄소나 철과 같은 원소들이 만들어지기 위해서는 가장 뜨거운 별의 중심보다도 더 뜨거운, 정말 뜨거운 상태가 필요하다. 초신성이 바로 그 해답이었다."(『거의 모든 것의 역사』 51쪽)

노새몰이꾼이 천문학계의 영웅이 되다

1609년, 갈릴레오가 망원경을 통해 우주를 자세히 들여다보기 시작했다. 이로 인해 우리는 우주에 대해 많은 부분을 알게 되었다. 하지만 이후 300년 이상의 시간에 걸쳐 큰 망원경을 만들어 우주를 더욱 자세히 관찰했음에도 불구하고 20세기 초까지도 우주에 우리 은하만 있는지, 또 우주가 확대되고 있는지 축소되고 있는지에 대해서는 알지 못했다.(『현대과학의 풍경 1』 372쪽)

20세기 초 캘리포니아 윌슨 산 정상에 당시로서는 최대 구경의 반사 망원경이 설치된다. 천문대 건설 당시 망원경의 거대한 부품들을 산 정상으로 옮기는 데에는 노새들이 동원되었다. 노새몰이꾼은 밀

턴 휴메이슨Milton Humason, 1891~1972이라는 이름의 젊은이였다. 그는 망원경의 기계 장비와 광학 설비는 물론 과학자, 공학자, 고위 관리를 산 위로 나르는 일을 했다.

언제나 씹는담배를 질겅거리던 밀턴 휴메이슨은 노름과 당구에 도가 튼 인물이었고 흔한 말로 여자들깨나 후리고 다닐 성싶은 사나이였다. 교육이라고는 초등학교 8학년까지 다닌 것이 고작이었지만 휴메이슨은 머리가 총명하고 호기심이 많아서 자신이 힘들여 산으로 운반하고 있던 각종 기계들에 관하여 주위 사람들에게 이것저것 열심히 묻고는 했다. 그는 그즈음 천문대 소속의 한 공학자의 딸과 교제 중이었다. 포부가 기껏 노새몰이 수준에 그친 젊은이가 자기 딸을 가까이 하니, 그녀의 아버지는 속이 편할 리 없었다. 휴메이슨은 천문대에서 전기공 보조, 건물 관리, 돔의 걸레질 등 닥치는 대로 일을 했다. 물론 그 돔에는 자신이 끌어올려 세운 망원경이 들어 있었다.

어느 날 야간 관측 보조원이 병이 나서 눕게 되자, 천문대 쪽에서

는 휴메이슨에게 보조원 일을 대신 해 줄 수 있느냐는 제안을 하게 된다. 그날 밤 그는 망원경을 능숙하게 다룰 줄 아는 기술과 능력을 충분히 과시할 수 있었다. 천문대장이었던 조지 헤일은 휴메이슨이 비범한 능력을 가지고 있음을 알고는 망원경을 조작하고 관측자를 보조하는 직원으로 그를 정식 채용하기에 이른다.

휴메이슨은 윌슨 산 천문대에서 에드윈 허블Edwin Hubble, 1889~1953과 함께 일을 하게 된다. 두 사람은 먼 은하들의 분광 사진을 연구했다. 일을 시작한 지 얼마 되지 않아 양질의 스펙트럼을 얻는 데 있어서 휴메이슨이 전 세계 그 어느 천문학자보다 유능한 인물임이 밝혀졌다.

은하 하나에서 오는 빛은 그 은하를 이루는 수십억 개의 별들이 방출하는 빛의 총합이다. 이런 빛을 파장 길이에 따라 구분할 수가 있다. 이런 과정을 통하면 별의 대기를 구성하는 화학 조성을 알아낼 수 있다. 그 결과 우리는 멀리 떨어져 있는 별들도 우리 태양과 같은 성분의 물질로 이루어졌음을 확인할 수 있다. 그런데 휴메이슨과 허블은 자신들도 깜짝 놀랄 만한 발견을 했다. 먼 은하들의 스펙트럼이 모두 적색이동을 보인다는 점이었다. 더욱 놀라운 것은 적색이동의 정도가 은하까지의 거리에 비례하여 증가한다는 사실이었다. 이를 허블의 법칙이라고 한다.

적색 이동을 쉽게 이해하기 위해서 먼저 '도플러 효과'에 대해서 알아보자. 도플러 효과는 1842년에 도플러Christian Johann Doppler,

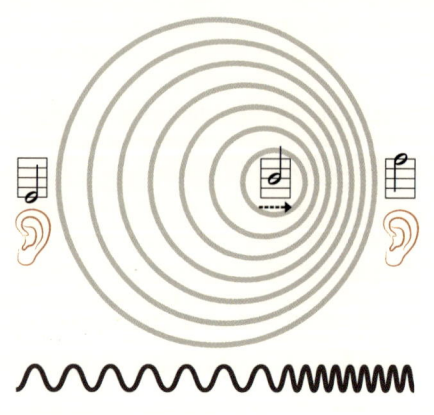

▌소리의 파동에 따라 소리가 변화되는
도플러 효과를 표현한 그림

1803~1853가 발견한 현상인데, 이는 기차가 '나'에게로 다가올 때 기차의 기적 소리가 크게 들리고, 멀어질 경우에는 기차의 기적 소리가 낮게 들리는 현상이다. 요컨대 파동에 따라서 소리가 변한다는 말인데, 빛의 색깔도 마찬가지 현상이 나타난다. 관측자에게 빛이 접근하면 빛의 파장이 감소하여 색깔이 노란색에서 파란색으로 이동한다. 이것을 청색 편이라고 부른다. 반대로 관측자에게서 멀어지면 노란색이 빨간색으로 변하여 적색 편이가 생긴다.

휴메이슨과 허블은 관측을 통해, 멀리 있는 은하들에서는 도플러 효과에 따른 빛의 적색 편이가 나타나는 것을 알게 되었다. 그렇다면 은하들이 모두 우리에게서 멀어진다는 결론이 나온다. 그리고 멀리 있는 은하일수록 가속도에 의해 더 빠른 속력으로 후퇴한다는 추론도 사실로 받아들여야 한다. 은하들이 도대체 왜 후퇴한단 말인가? 우리를 피해서 달아나야 할 특별한 이유라도 있다는 말인가?

이것은 우주가 팽창한다는 결정적인 증거였다. 과거에는 은하들 사이의 간격이 지금보다 훨씬 가까웠을 것이다. 휴메이슨과 허블의 발견은 우주의 기원이 대폭발임을 암시하고 있었다.

휴메이슨의 이름은 1961년에 발견된 혜성에도 붙여졌다. 허블의 이름은 지구 궤도를 도는 우주 망원경의 이름에 남아 있다.

아마추어도 프로보다 더 잘할 수 있다.

REFERENCE

빌 브라이슨 지음, 이덕환 옮김, 『거의 모든 것의 역사』(까치, 2003)
피터 보울러 지음, 홍성욱 옮김, 『현대 과학의 풍경 1』(궁리, 2008)

Section 5

우연! 역사를 바꾸다

우연은 준비된 마음을 선호한다.
_면역학의 창시자, 파스퇴르(Louis Pasteur, 1822~1895)

1 멘델이 완두콩을 선택한 것은 우연

2 푸른곰팡이의 우연한 발견

세계에서 가장 영향력 있는 그룹을 '슈퍼 클래스'라고 부른다. 정치, 경제, 군사, 문화 등 다양한 분야의 인물이 속해 있는데, 이들의 숫자는 전 세계적으로 6,000명 정도다. 슈퍼 클래스가 되기 위한 조건은 무엇인가?

데이비드 로스코프(David Rothkopf)가 쓴 『슈퍼클래스』라는 책에 따르면 슈퍼 클래스에는 여덟 가지 특징이 있다고 한다. 첫째 남자다. 여자는 불과 6.3퍼센트에 불과하다. 그들은 베이비 붐 세대에 태어났다. 국적을 살피면 미국이 17퍼센트로 1위이고, 북미와 유럽을 합치면 50퍼센트에 이른다. 슈퍼 클래스는 학벌도 좋다. 10명 중 3명이 세계 상위 20개 엘리트 대학을 나왔다. 그들의 직업 분야를 살펴보면 기업과 금융계가 63퍼센트. 2위 그룹은 정부 및 다자간 조직에서 일하고 있으며 이들이 차지하는 비율은 18퍼센트다. 전 세계 1천 명 정도가 되는 억만장자 모두는 슈퍼 클래스 멤버다. 그들이 가지고 있는 마지막 조건은 타고난 '운'이다. 운명은 어느 정도 천부적인 것이기는 해도 슈퍼 클래스에 들어가기 위해서는 꼭 갖추어야 하는 조건이다.

로또에 당첨되는 사람들은 엄청난 운이 따른 것이다. 별다른 노력을 기울이지 않아도 그들은 한순간에 큰돈을 손에 쥘 수 있다. 일을 하는 데 있어서도 운이 따라 준다면 성공 확률은 훨씬 높아진다. 과학의 세계에도 운 덕분에 큰 업적을 이룬 경우가 적지 않다.

3 유럽의 아메리카 지배, 우연 때문이었다

멘델이 완두콩을 선택한 것은 우연

"콩 심은 데 콩 나고, 팥 심은 데 팥 난다."

우리 선조들도 아이들이 부모의 얼굴을 닮거나 성격을 닮는다는 사실을 잘 알고 있었다. 유전의 메커니즘에 대해서는 몰랐지만, 부모와 자식을 닮게 하는 무언가가 있음을 당연하게 여겼다.

그리스의 철학자 아낙사고라스Anaxagoras, BC 500?~BC 428는 기원전 500년경 인간은 이미 아버지의 정자 속에서 아주 작은 형태로 완성되어 있고, 정자가 왼쪽 고환에서 나오는지, 오른쪽 고환에서 나오는지에 따라 성별이 달라진다고 주장했다.

지금 생각하기에는 어처구니없는 말이지만, 인간은 어떤 의문이 있을 경우 대답이 없는 것보다는 잘못된 답일지라도 듣기를 원하는 성격을 가지고 있기에 이런 대답조차도 사람들은 믿으려 했다. 어쨌든

▎그레고르 멘델

이후로 인류는 '유전'에 관한 제대로 된 답을 계속 찾았다. 그 해답이 등장한 것은 19세기 후반이 되어서였다.

가톨릭 사제였던 그레고르 멘델Gregor Johann Mendel, 1822~1884은 유전의 원리를 알아낸 사람이다. 그가 실험 재료로 사용한 것은 완두콩이었다. 이는 기가 막힌 선택이었고, 정말 우연이었다. 멘델은 1853년부터 7년여 동안 수도원의 뒤뜰에 다양한 품종의 완두를 심고, 이를 교배하여 여러 잡종을 만들어 냈다.

완두콩은 뚜렷이 구별되는 대립 형질 일곱 가지를 가지고 있다. 그 일곱 가지 형질은 둥글고 주름진 모양, 콩의 황색과 녹색, 껍질의 갈색과 흰색, 콩깍지의 매끈함과 잘록함, 콩깍지의 녹색과 황색, 꽃의 위치가 잎겨드랑이에 있는 경우와 줄기의 끝에 있는 모양, 종자의 모양이 크고 작은 경우였다. 완두콩의 각 형질을 나타내는 유전자들은 모두 다른 염색체 위에 있어("멘델이 기록한 7가지 형질들은 특별히 행운의 조화였음이 밝혀졌다. 그들은 항상 독립적으로 유전되는 것들이기 때문이다. 다른 많은 형질들과는 달리 완두의 키는 그 씨의 색깔과는 아무 상관이 없다. 키다리가 녹색 콩을 만들 수도 있고, 노란색 콩을 만들 수도 있다. 또한 노란색 콩은 난쟁이 식물의 자손일 수도 있다. 유형들이 이렇게 멋지게 명료한 이유에 대해서는 멘델이 죽은 지 100년이 다 되어 완두의 7가지 염색체 지도가 한데 맞추어지기 전까지는 밝혀지지 않았다. 멘델의 7가지 형질 각각은 전혀 다른 염색체에 나타났다."_『정원의 수도사』101~102쪽) 각각 독립적으로 유전되기에 유전의 관계를 밝히기에는 최적의 조건을 가지고 있었다.

완두콩이 실험 재료로서 좋은 또 다른 점은 자가 교배가 가능하고, 키우는 데 시간이 오래 걸리지 않으며, 종자를 많이 맺기에 통계적인 결과를 도출하기가 쉽다는 것이다.

멘델은 천재성이 있었지만 정식 교육을 받은 식물학자가 아니었다. 요컨대 멘델은 식물학 분야의 아마추어였다. 그렇지만 그것이 더 유리했는지도 모른다. 왜냐하면 전문적인 식물학자는 너무나 다양한 식물의 특징과 조건을 동시에 모두 고려하다 보니 잘못된 결론을 내리거나 아니면 아예 결론을 내리지 못했을 수도 있다. 멘델의 실험은 요즘 말로 해서 마냥 '들이댔다'라는 표현이 가장 잘 어울린다. 멘델은 구별하기 편리한 몇 개의 특징만을 다룰 수 있는 완두콩을 대상으로 삼았고, 이것이 성공의 열쇠가 되었다.

멘델은 완두콩 실험으로 세 가지 유전 법칙을 밝혀낸다.

멘델의 제1법칙은 '우열의 법칙(law of dominance)'이다. 노란색의 순종 완두와 순종 초록색 완두를 심으면 1세대 잡종 완두는 모두 노란색만 나온다. 1세대는 부모로부터 노란색과 초록색 인자를 물려받지만 노란색이 우성이기 때문에 모두 노란색으로 나타난다. 우열의 법칙에 따라 자식이 왜 한쪽 부모를 더 많이 닮는지에 대해서 이해할 수 있게 되었다. 예컨대 인간의 머리카락에 있어서 고수머리는 직모에 대해 우성이다.

제2법칙은 '분리의 법칙(law of segregation)'이다. 잡종 1세대의 노란색 완두를 자가 수정을 시키자 노란색 완두 셋에 초록색 완두 하나가 나왔다(3:1의 법칙). 이는 잡종 1세대의 완두는 모두 노란색이었지만 실제는 노란색 유전자와 초록색 유전자를 함께 가지고 있다는 사실을 보여 준다. 그래서 잡종 1세대를 자가 수정을 시키면 확률적으로 셋은 노란색과 초록색 유전자를 가지기에 우성인 노란색이 나오고, 하나는 초록색 유전자 두 개를 가져 초록색이 된다. 이를 통해 자식 세대에게서 나타나지 않던 성질이 왜 손자 세대에게서 나타나는지를 알게 되었다.

제3법칙은 '독립의 법칙(law of independence)'이다. 멘델은 노랗고 둥근 완두와 초록이고 모난 완두를 교배시켰나. 이는 서로 다른 유전 형질이 유전될 때 연관성이 있는지를 살펴보기 위한 실험이었다. 완두의 색은 노란색이, 모양은 둥근 것이 우성이기 때문에 잡종 1세대

는 모두 노랗고 둥근 완두가 나왔다. 잡종 1세대를 자가 수정을 시킨 잡종 2세대는 '노랗고 둥근 것:초록색이고 둥근 것:노랗고 모난 것:초록색이고 모난 것의 비율이 9:3:3:1로 나타났다. 색으로 구분하면 노란색이 12, 초록이 4로 정확히 3대 1에 해당한다. 역시 둥근 것은 12, 모난 것은 4로 3대 1의 비율이 그대로 유지되고 있다는 것을 알 수 있다. 이는 완두에서 여러 가지 형질이 한꺼번에 나타나더라도 이와 상관없이 항상 3:1의 비율이 유지됨을 의미한다. 각각의 유전 형질이 다른 것과 상관없이 그 형질이 독립적으로 나타난다고 해서 이를 독립의 법칙이라고 한다.

멘델은 1865년, 약 서른 명의 사람 앞에서 자신의 연구 결과를 발표했다. 그 자리에 참석한 사람은 대부분 식물학자들이었다. 그러나 그들은 멘델의 실험 결과가 지닌 중요성을 알아차리지 못했다. 이후 35년 동안 멘델의 연구는 그냥 묻혀 있었다. 그러다가 1900년에 이르러 독일의 카를 코렌스Carl Correns, 1864~1933, 네덜란드의 휴고 드 브리스Hugo De Vries, 1848~1935, 오스트리아의 에리히 체르마크 폰 세이세네크Erich Tschermak von Seysenegg, 1879~1962에 의해 멘델의 업적이 평가받기에 이른다. 그러나 유전을 전달하는 물질이 과연 무엇인지에 대한 의문이 풀리는 데까지는 다시 반세기가 더 필요했다.

푸른곰팡이의 우연한 발견

　사람들은 오래전부터 질병의 발생 원인을 추적해 왔다. 1876년에 독일인 의사 로베르트 코흐Robert Koch, 1843~1910는 탄저병균을 발견함으로써 박테리아와 질병의 연관성을 입증했으며 나중에 결핵균과 콜레라균을 발견했다. 그러나 균을 퇴치할 방법은 그때까지 밝혀지지 않았다.

　1881년 스코틀랜드에서 태어난 알렉산더 플레밍Alexander Fleming, 1881~1955은 의학 교육을 받고 1928년에 세인트메리 병원대학교의 세균학 교수가 되었다. 플레밍은 여러 가지 병원균을 퇴치할 약을 연구하고 있었다. 이를 위해서는 염증이 어떻게 일어나고 어떻게 그것을 물리칠 수 있는지를 알아야만 했다. 염증과 항체의 관계를 추적하기 위해 그의 병원 연구실에는 페트리 접시가 항상 준비되어 있었다. 이 용기에 배양액을 집어넣으면 다양한 균을 배양할 수 있었다. 플레밍은 감염증을 퇴치하는 치료제를 찾고 있었기 때문에 페트리 접시 안에서 병원균을 배양했다. 포도상구균도 그중 하나였는데, 이 세균은 상처를 곪게 만들어 고름이 생기게 하고 심장에 염증을 일으키기도 한다.

1928년 여름, 플레밍은 2주간의 휴가를 떠났다가 9월 3일 연구실로 돌아왔다. 연구실에서 그는 박테리아가 들어 있는 페트리 접시 몇 개를 냉장시키지 않고 책상 위에 놓아둔 것을 발견했다. 여름의 뜨겁고 습한 날씨로 인해 페트리 접시 안에는 곰팡이가 피어 있었다. 이제 그것들은 못 쓰게 되어 버렸던 것이다.

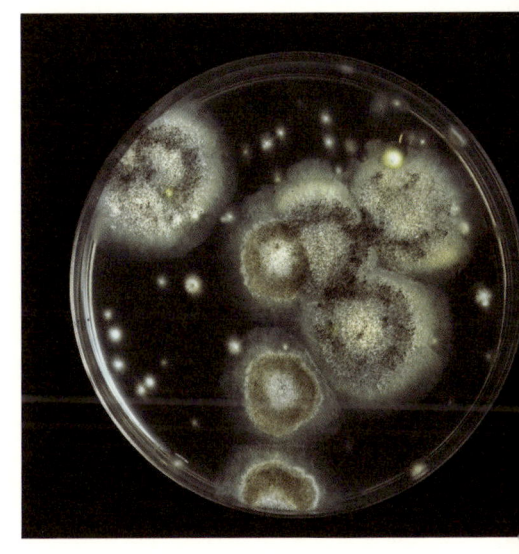

곰팡이가 자라고 있는 페트리 접시

그런데 자세히 살펴보니 페트리 접시의 곰팡이 모습이 이상했다. 곰팡이 즙이 나와 있었는데, 그 주변에는 박테리아가 번식하지 않았던 것이다. 그는 '혹시 곰팡이가 박테리아를 죽인 것은 아닐까?'라고 생각했다.

접시 안에 나타난 곰팡이는 '페니실리움 노타툼Penicillium notatum'이라는 이름을 가진 자낭균류였다. 붓 모양의 형태를 하고 있기 때문에 이런 이름이 붙여졌는데, '페니실루스'는 라틴어로 '붓'이라는 뜻이다. 이 푸른곰팡이는 백혈구를 공격하지 않으면서도 박테리아를 죽일 수 있었다. 기가 막힌 우연은 푸른곰팡이의 종류가 약 650종이나 되는데, 그중 단 한 종만이 페니실린penicillin의 원료가 될 수 있다는 점이다. 요컨대 바로 그 한 종이 플레밍을 찾아온 셈이었다.

플레밍은 페니실린을 상처를 소독할 경우에만 사용했고 정제 형태로는 사용하지 못했다. 10년이 지난 후 병리학자인 하워드 플로리 Howard Florey, 1898~1968와 생물화학자 언스트 체인Ernst Boris Chain, 1906~1979은 옥스퍼드 대학에서 세균성 염증을 치료할 물질을 찾고 있었다. 그들은 연구 도중에 플레밍의 연구에 대해 알게 되었다. 그들은 페니실린을 정제되고 안정된 형태로 혈관에 주입하면 더 큰 효과를 거둘 수 있을 것이라고 생각했다. 동물 실험을 성공리에 끝낸 상태에서 드디어 실험 대상이 될 사람이 등장했다. 런던의 경찰관인 앨버트 알렉산더였는데, 그는 가벼운 상처를 입었지만 비위생적인 환경 때문에 치명적인 감염증이 발생했다. 패혈증이었다. 1941년 2월 12일, 환자에게 페니실린을 주입하자 열이 내렸고 상태가 호전되었다. 확실히 효과가 있었다. 그렇지만 환자는 엿새 만에 사망한다. 페니실린 양이 충분치 않았기 때문이다.

이제 필요한 것은 약을 대량 생산하는 것이었다. 유럽에서는 전쟁 때문에 새로운 약의 대량 생산이 불가능했다. 이제 무대는 미국으로 옮겨 간다. 드디어 미국에서 정제 가루 형태의 페니실린을 대량 생산하게 되었고, 1944년부터 전쟁터에 대량으로 투입하기에 이르렀다. 제2차 세계 대전에서 페니실린은 수백만 병사의 생명을 구했다. 전쟁 승리의 원동력이 플레밍의 페니실린이었다는 말이 있을 정도로 이

발견은 가치가 있었다. 그
러나 플레밍은 겸손했다.
 "자연이 페니실린을 만들었고,
나는 다만 그것을 발견했을 뿐입니
다."

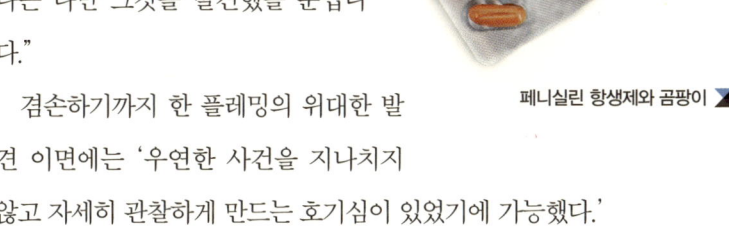

페니실린 항생제와 곰팡이

 겸손하기까지 한 플레밍의 위대한 발견 이면에는 '우연한 사건을 지나치지 않고 자세히 관찰하게 만드는 호기심이 있었기에 가능했다.'

 알렉산더 플레밍은 페니실린을 발견한 공로로 1944년 귀족 작위를 받아 플레밍 경이 되었다. 그리고 이듬해인 1945년 플레밍은 하워드 플로리, 언스트 체인과 함께 노벨 생리의학상을 수상한다.

유럽의 아메리카 지배,
우연 때문이었다

아메리카 대륙의 국가들이 쓰는 언어를 한번 살펴보자. 일단 미국과 캐나다는 영어를 사용한다(캐나다의 퀘백 주는 프랑스어 사용). 반면에 미국의 남쪽에 있는 멕시코부터 남아메리카의 맨 아래쪽에 있는 칠레까지 대부분의 나라는 스페인어를 사용하고, 브라질은 포르투갈어를 사용한다. 남아메리카 대부분의 나라들이 스페인어를 사용하는 것은 콜럼버스Christopher Columbus, 1451~1506 때문이다.

1492년, 콜럼버스는 인도로 가기 위해 항해에 나섰지만, 그는 뜻밖에도 그때까지 유럽인에게 알려지지 않았던 새로운 대륙을 발견한다. 그러나 콜럼버스는 그곳이 새로운 대륙임을 몰랐다. 죽을 때까지 그곳을 인도라고 믿었다. 그래서 콜럼버스가 최초로 상륙한 카리브 해 지방을 서인도 제도라 부른다. 콜럼버스를 시작으로 아메리카로 건너간 유럽인들은 아메리카 대륙의 광대한 지역을 자기네 식민지로 삼았다.

여기서 이런 질문을 할 수 있을 것이다. 유럽인이 아메리카로 건너가 식민지로 삼은 것처럼, 왜 아메리카 원주민들은 대서양을 건너가 유럽을 식민지로 삼을 수 없었을까? 역사가 그렇게 진행된 것이 유

서인도 제도에 도착한 콜럼버스

▶ 스페인의 탐험가 프란시스코 피사로

럽인들이 유전적으로 더 우수했기 때문일까, 아니면 추운 지방 사람들이 더 부지런해서 일찍 문명을 발전시켰기 때문일까?

재레드 다이아몬드Jared Diamond, 1937~는 자신의 책 『총 균 쇠』에서 그 원인을 지리적 환경 때문이라고 주장한다. 책 제목의 '총', '균', '쇠'는 유럽인들이 아메리카를 정복하는 데 있어 아주 중요한 역할을 했던 세 가지를 의미한다. 유럽인들은 총이라는 훌륭한 살상 무기를 가지고 있었지만, 아메리카 원주민들은 당연히 총을 갖지 못했다. 균은 천연두 균을 의미한다. 유럽인이 아메리카를 식민지로 만드는 과정에서 사망한 아메리카 원주민의 95퍼센트 이상이 천연두와 같은 전염병에 희생되었다. 그리고 마지막 요인인 쇠는 유럽인들이 누리던 철기 문명을 가리킨다. 아메리카 원주민들에게는 철기가 없었다. 이러니 둘의 전투는 쉽게 승패가 날 수밖에 없었다. 스페인 피사로의 군인 168명(숫자도 적었지만 오합지졸이기까지 했다)이 잉카 제국의 8만 대군을 쉽게 물리친 이 장면은 총, 균, 쇠의 결정적 역할 때문이

피사로에게 체포된 잉카 제국의 마지막 군주 아타우알파의 장례식을 묘사한 그림

었다(스페인 사람들이 아메리카 대륙에 들어가면서 천연두가 아메리카 원주민들에게 퍼진다. 유럽인들은 천연두에 어느 정도 내성을 갖고 있었지만, 아메리카 원주민들은 이 균에 대해서 전혀 내성을 갖지 못했다. 천연두는 인간이 소를 기르는 과정에서 발생한 질병인데, 유럽인들은 오랜 기간 목축을 하면서 이 질병과 균에 내성을 갖게 되었지만 아메리카 원주민들은 그렇지 못했던 것이다. 이 질병이 잉카 제국 사람들에게 전염되어 왕위 계승자가 천연두에 걸려 죽고, 이어서 왕위 쟁탈전이 벌어짐으로써 잉카 제국은 내란에 휩싸인다. 이런 상황에서 피사로의 군대가 잉카에 당도한 것이다).

그렇다면 다시 이런 질문을 할 수 있다. 유럽인들이 총, 균, 쇠를 가지고 있었던 것에 비해 아메리카 원주민들은 왜 그러지 못했을까? 유럽인들이 똑똑하고 창의적이어서가 아니었다. 유럽이 동서로 긴 유라시아 대륙의 한 편에 있었다는 지리적 이점이 이 둘의 운명을 갈라놓았다.

고대의 세계 4대 문명 발상지는 아시아에 세 군데(메소포타미아 문명, 인더스 문명, 황허 문명), 아프리카에 한 군데(이집트 문명)가 있고 유럽에는 없다. 이집트는 아프리카 대륙에 속하지만, 지리적 위치가 메소포타미아 지역과 가깝고 인종적으로나 문화적으로 아시아에 더 가깝다. 그러니 고대의 4대 문명이 모두 아시아 대륙에서 시작되었다고 볼 수 있다. 이 문명의 밑바탕에는 농업이 자리하고 있었다.

지금으로부터 13,000년 전 지구에는 마지막 빙하기가 끝나고 새로운 시대가 도래했다. 그때를 우리는 신석기 시대라고 부른다. 오랜 기간 수렵과 채집 단계에 머물러 있던 인류는 새로운 생활 방식을 만들어 낸다. 이 새로운 생활 방식은 혁명적으로 인류의 삶을 송두리째 바꾸어 놓았다. 이를 신석기 혁명 혹은 농업 혁명이라고 부른다. 하지만 농업 혁명이 전 세계의 모든 지역에서 일어난 것은 아니었다. 즉, 농경에 적합한 지리적 환경을 갖추고 있는 지역에서만 농업 혁명이 일어난 것이다. 그렇게 농업 혁명이 일어난 곳은 이후 문자와 철기를 가진 산업 사회로 발전한 반면, 어떤 지역은 아직도 수렵과 채집 단계에 머물러 있었다.

농업이 발달한 사회에서는 식량 생산량이 늘어나고 잉여 식량이

생기면서 생계에만 매달리지 않고 창의적인 활동을 할 수 있는 전문가 집단을 양성할 수 있었다. 각 지역마다 작물화하고 가축화할 수 있는 대상이 되는 야생 동식물종이 많고 적음에 따라 문명의 발전 속도가 판이하게 달라졌던 것이다. 유라시아 대륙은 그런 면에서 환경의 혜택을 입은 지역이었다. 대륙이 동서로 길다는 것은 비슷한 위도의 지역이 많다는 것을 말한다. 위도가 비슷한 지역은 기온이나 일조량에서 큰 차이가 없다. 그래서 같은 작물을 다른 지역으로 옮겨 심어도 잘 자란다. 하지만 한 곳에서 잘 자라던 식물을 위도가 다른 지역에 옮겨 심으면 잘 자라지 않는다.

밀 농사가 시작된 곳은 메소포타미아 지역이었다. 그리고 양이나 염소, 소, 돼지, 말이 가축화된 곳 역시 메소포타미아나 이 지역과 지리적으로 가까운 지역이었다. 농경과 목축은 비슷한 위도에 위치한 유럽으로 전해졌다. 이 경로를 따라 문자와 철을 만드는 야금술도 전해졌다. 유럽은 이런 문화적 바탕 위에 정치적 기술과 과학 기술을 발달시킬 수 있었다. 유럽 스스로는 제대로 된 문명을 일구지 못했지만, 단순한 지리적 혜택으로 인해 인류 역사를 크게 바꾸어 놓았다. 이와 같은 지리적·환경적 불균형이 인류 역사의, 어떻게 보면 슬픈 결과를 불러온 것이다.

◤ 아메리카 대륙

아메리카 대륙의 지도를 생각해 보자. 남북으로 긴 모양을 하고 있다. 유라시아 대륙의 동서 축과는 아주 다르다. 작물이나 가축을 비슷한 위도 상으로 옮길 수는 있지만, 남북으로는 쉽지 않다. 때문에 아메리카에 존재한 잉카나 아즈텍 문명도 옥수수와 같은 식량을 생산하고 있었지만 그 다양성은 부족할 수밖에 없었다. 게다가 아메리카 대륙에서 가축화한 동물은 라마가 유일했다.

야생 동물을 가축으로 만듦으로써 인간 사회는 큰 변화를 맞는다. 우선 고기와 젖을 얻을 수 있다. 또 가축의 힘을 농업에 활용할 수 있고 무거운 짐을 지게 할 수도 있다. 아메리카 대륙에서 가축화할 수 있는 야생 포유류는 24종이 있었다. 하지만 가축화에 성공한 것은 앞

에서 본 것처럼 라마 한 종에 불과했다. 유라시아에서는 야생 후보종이 72종이었으며, 가축화한 종은 13종에 달했다. 남북으로 긴 모양을 띤 아메리카 대륙은 이런 면에서 동서로 긴 형태의 유라시아 대륙에 비해 매우 불리했던 것이다.

　재레드 다이아몬드는 문명 발달의 불균형 문제를 생태지리학, 생태학, 유전학, 병리학, 문화인류학, 언어학 등을 통해 접근하면서 밝혀냈다. 현대의 학문은 전문화되어 있어 한 가지 학문 분야에서조차 전문가가 되기 힘들지만, 재레드 다이아몬드는 혼자서 여러 학문을 섭렵하여 『총 균 쇠』와 같은 방대한 책을 쓸 수 있었으니, 그야말로 이 시대의 흔치 않은 진정한 '멀티 사이언티스트'라고 할 수 있다. 이

처럼 탁월한 능력을 인정받은 재레드 다이아몬드의 저서 『총 균 쇠』는 1997년 퓰리처상을 받게 된다.

REFERENCE

이은희 지음, 『하리하라의 바이오 사이언스』(살림, 2009)
위르겐 브라터 지음, 안미라 옮김, 『산책로에서 만난 즐거운 생물학』(살림, 2009)
커크 헤리엇 지음, 정기문 옮김, 『지식의 재발견』(이마고, 2009)
로빈 헤니그 지음, 안인희 옮김, 『정원의 수도사』(사이언스북스, 2006)
구트른 슈리 지음, 김미선 옮김, 『세계사를 뒤흔든 16가지 발견』(다산초당, 2008)
데이비드 로스코프 지음, 이현주 옮김, 『슈퍼 클래스』(더난출판, 2008)
재레드 다이아몬드 지음, 김진준 옮김, 『총 균 쇠』(문학사상사, 2005/2013)

Section 6
미쳐야 미친다

광기가 없는 위대한 천재는 없다.
_아리스토텔레스(Aristotle, BC 384~BC 322)

1 꿈이 해결한 원소 주기율표

2 뱀이 꼬리를 물고 있는 꿈

　　불광불급(不狂不及)! 어느 한 분야에 미쳐야(狂) 그 분야의 어떤 경지에 도달(及)할 수 있다는 말이다. 인간의 능력은 한계가 있는 법. 그렇기에 자신의 능력을 한 부분에 쏟아 부어야 원하는 결과를 얻을 수 있으리라. 요컨대 미친 듯이 한 분야에 파고들어야 성공할 수 있다.
　프랑스 작가 마르셀 프루스트는 "이 세상의 모든 위대한 것은 신경증 환자에 의해 창조된다"고 말하기도 했다. 모든 위대한 업적을 신경증 환자가 만들어 냈다는 말은 물론 과장이겠지만, 정신질환에 시달리면서까지 좋은 작품을 남긴 예술가들의 이야기를 우리는 흔히 접할 수 있다.
　과학 분야에서도 마찬가지다. 한 분야에 깊이 빠져 연구하던 중 해결되지 않은 문제에 봉착했을 때, 과학자들은 어떻게 해결을 했을까. 아마 문제 해결 방법에 대해 항상 생각했을 것이다. 아마 그 문제를 해결하기 위해 미친 듯이 파고들었으리라. 그들은 꿈에서조차도 문제 해결을 위해 노력했다. 그리고 꿈을 통해 해답을 찾기도 했다.

꿈이 해결한 원소 주기율표

화학이 정식으로 과학 분야에 편입된 때는 로버트 보일Robert Boyle, 1627~1691이 화학자와 연금술사를 구분한 1661년부터였지만, 물리학에 비해 그 발전 속도는 아주 더뎠다. 이는 뉴턴과 같은 스타가 없었기 때문이다. 18세기 말에 이르러서야 조지프 프리스틀리 Joseph Priestley, 1733~1804가 산소를 발견했다. 그러나 화학을 현대 수준으로 끌어올린 스타는 앙투안 로랑 드 라부아지에Antoine-Laurent de Lavoisier, 1743~1794였다. 19세기 초 험프리 데이비Humphry Davy, 1778~1829는 포타슘, 소듐, 마그네슘, 칼슘, 스트론튬, 알루미늄과 같은 원소를 발견했다.

영국의 화학자인 존 돌턴John Dalton, 1766~1844이 1803년에 처음으로 제창한 '원자'라는 용어는 한 가지 기본 성질에 의해서만 구분되고 있었다. 즉 각각의 원자는 특정한 질량을 가지고 있다는 것이다. 우리는 지금 원소 주기율표 상에서 제일 먼저 나오는 수소가 양성자 한 개를 가지고 있음을 알고 있다. 그리고 우라늄은 양성자를 92개 가지고 있다는 것도 알고 있다. 이 양성자 수는 원자번호로 사용된다. 수소는 원자번호 1이고, 우라늄은 92다. 이런 원자들을 성격에 따라 배

원소 주기율표

원자 번호 → 1 | 전자 수 → 1
원소 기호 → H
원소 이름 → Hydrogen
질량 → 1.00794

주기 \ 족	1 IA	2 IIA	3 IIIB	4 IVB	5 VB	6 VIB	7 VIIB	8 VIIIB	9 VIIIB	10 VIIIB	11 IB	12 IIB	13 IIIA	14 IVA	15 VA	16 VIA	17 VIIA	18 VIIIA
1	1 H Hydrogen 1.00794																	2 He Helium 4.002602
2	3 Li Lithium 6.941	4 Be Beryllium 9.012182											5 B Boron 10.811	6 C Carbon 12.0107	7 N Nitrogen 14.0067	8 O Oxygen 15.9994	9 F Fluorine 18.9984032	10 Ne Neon 20.1797
3	11 Na Sodium 22.98976928	12 Mg Magnesium 24.305											13 Al Aluminium 26.9815386	14 Si Silicon 28.0855	15 P Phosphorus 30.973762	16 S Sulfur 32.065	17 Cl Chlorine 35.453	18 Ar Argon 39.948
4	19 K Potassium 39.0983	20 Ca Calcium 40.078	21 Sc Scandium 44.9559	22 Ti Titanium 47.867	23 V Vanadium 50.9415	24 Cr Chromium 51.9961	25 Mn Manganese 54.938045	26 Fe Iron 55.845	27 Co Cobalt 58.933195	28 Ni Nickel 58.6934	29 Cu Copper 63.546	30 Zn Zinc 65.38	31 Ga Gallium 69.729	32 Ge Germanium 72.64	33 As Arsenic 74.9216	34 Se Selenium 78.96	35 Br Bromine 79.904	36 Kr Krypton 83.798
5	37 Rb Rubidium 85.4678	38 Sr Strontium 87.62	39 Y Yttrium 88.90585	40 Zr Zirconium 91.224	41 Nb Niobium 92.9063	42 Mo Molybdenum 95.96	43 Tc Technetium [98]	44 Ru Ruthenium 101.07	45 Rh Rhodium 102.9055	46 Pd Palladium 106.42	47 Ag Silver 107.8682	48 Cd Cadmium 112.411	49 In Indium 114.818	50 Sn Tin 118.71	51 Sb Antimony 121.76	52 Te Tellurium 127.6	53 I Iodine 126.90447	54 Xe Xenon 131.293
6	55 Cs Caesium 132.9054519	56 Ba Barium 137.327	57-71 Lanthanoids	72 Hf Hafnium 178.49	73 Ta Tantalum 180.94788	74 W Tungsten 183.84	75 Re Rhenium 186.207	76 Os Osmium 190.23	77 Ir Iridium 192.217	78 Pt Platinum 195.084	79 Au Gold 196.966569	80 Hg Mercury 200.59	81 Tl Thallium 204.3833	82 Pb Lead 207.2	83 Bi Bismuth 208.9804	84 Po Polonium [209]	85 At Astatine [210]	86 Rn Radon [222]
7	87 Fr Francium [223]	88 Ra Radium [226]	89-103 Actinoids	104 Rf Rutherfordium [267]	105 Db Dubnium [268]	106 Sg Seaborgium [271]	107 Bh Bohrium [272]	108 Hs Hassium [270]	109 Mt Meitnerium [276]	110 Ds Darmstadtium [281]	111 Rg Roentgenium [280]	112 Cn Copernicium [285]	113 Uut Ununtrium [286]	114 Fl Flerovium [289]	115 Uup Ununpentium [288]	116 Lv Livermorium [293]	117 Uus Ununseptium [294]	118 Uuo Ununoctium [294]

Lanthanoids →	57 La Lanthanum 138.90547	58 Ce Cerium 140.116	59 Pr Praseodymium 140.90765	60 Nd Neodymium 144.242	61 Pm Promethium [145]	62 Sm Samarium 150.36	63 Eu Europium 151.964	64 Gd Gadolinium 157.25	65 Tb Terbium 158.9253	66 Dy Dysprosium 162.5	67 Ho Holmium 164.93032	68 Er Erbium 167.259	69 Tm Thulium 168.93421	70 Yb Ytterbium 173.054	71 Lu Lutetium 174.9668
Actinoids →	89 Ac Actinium [227]	90 Th Thorium 232.03806	91 Pa Protactinium 231.03588	92 U Uranium 238.02891	93 Np Neptunium [237]	94 Pu Plutonium [244]	95 Am Americium [243]	96 Cm Curium [247]	97 Bk Berkelium [247]	98 Cf Californium [251]	99 Es Einsteinium [252]	100 Fm Fermium [257]	101 Md Mendelevium [258]	102 No Nobelium [262]	103 Lr Lawrencium [262]

Post-transition metals	Transition metals	Lanthanide	Alkaline earth metals	Metaloids	Alkali metals	Other nonmetals	Halogens	Actinide	Noble gases	Radioactive element	Synthetic element	H Gas	Hg Liquid	Li Solid

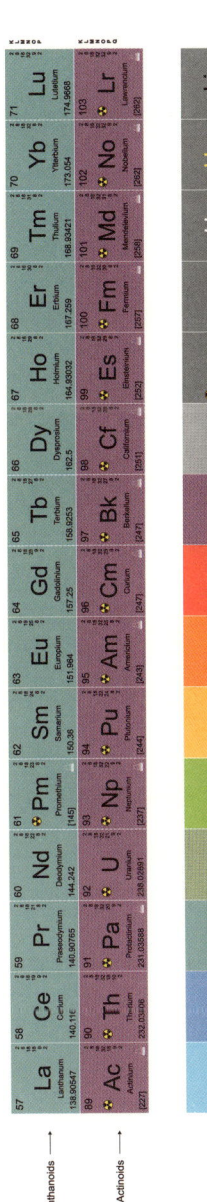

열한 것이 원소 주기율표다. 이 표를 만든 사람은 멘델레예프였다.

러시아의 화학자 드미트리 이바노비치 멘델레예프Dmitrii Ivanovich Mendeleev, 1834~1907가 처음 제안한 주기율표는 원소를 구분하기 쉽게 성질에 따라 배열한 표다. 원소들의 성질이 주기적으로 반복되기 때문에 이를 주기율표週期律表, periodic table라고 불렀는데, 세로줄(족)에는 비슷한 화학적 성질을 가진 원소들이 들어갔다. 그래서 금속인 구리(Cu) 밑에 은(Ag)이 오고 그 밑에는 금(Au)과 뢴트게늄(Rg)이 오게 된다. 그리고 기체에 속하는 헬륨(He), 네온(Ne), 아르곤(Ar), 크립톤(Kr)은 같은 줄에 들어가게 된다.

1913년, 헨리 모즐리Henry Gwyn Jeffreys Moseley, 1887~1915는 멘델레예프의 주기율표를 개량시켜 원자번호 순으로 배열했는데, 이는 현대의 원소 주기율표와 유사하다. 가장 많이 쓰이는 주기율표에는 단주기형과 장주기형이 있다. 단주기형 주기율표는 1주기와 3주기를 기준으로 하고, 4주기 아래로는 전형원소와 전이원소가 같은 칸에 있다. 단주기형 주기율표는 초기에 쓴 모델로, 원자가 많이 알려지지 않았을 때 사용하였다. 장주기형 주기율표는 현재 가장 많이 쓰고 있는 주기율표다.

멘델레예프는 그때까지 알려진 63개 원소를 가지고 연구하던 중, 그들 사이에 일정한 상관관계가 있다는 것을 깨닫는다. 그는 원소들의 연관된 속성을 파악하기 위해 원자의 무게(무게는 핵 속에 있는 양성자와 중성자의 수임)를 기준으로 원소를 무리 지었다. 당시에 알려져 있던 63개의 원소만으로는 완전한 주기율표를 만들 수가 없었기에, 아직 발견되지 않은 원소가 있을 것이라고 짐작했다는 점에서 그의 총명함이 드러난다. 그리고 그는 새로 발견되는 원소가 주기율표에 들어갈 위치를 정확히 예측했다. 그런데 이런 예측을 하게 된 이유가 재미있다. 바로 꿈 이야기다.

어느 날 멘델레예프는 63개로 이루어진 카드로 어질러져 있는 책상에서 연구를 하던 중 깜빡 잠이 들었다. 그리고 꿈을 꾸게 된다. 그의 꿈속에서 모든 원소들이 정확히 있어야 할 위치에 카드가 자리하고 있었다. 그는 꿈에서 깨어나자마자 바로 종이에 그것을 기록했다. 얼마 후인 1869년 3월 6일, 그는 자신이 알아낸 것을 '원소의 구성체계에 대한 제안'이란 제목으로 발표했다.

그러나 모든 것이 끝난 것은 아니었다. 그가 마주치게 된 어려움은 빈칸이었다. 최초의 빈칸은 세 번째 세로줄의 세 번째 칸이었다. 그는 그곳이 빈칸으로 남겨져야 한다고 확신했다. 그가 그렇게 생각한 것은 오로지 그 다음에 올 원소, 곧 티타늄이 붕소와 알루미늄과 같은 세로줄에, 즉 동족에 놓이기에는 어울리지 않는 성질을 가지고 있었기 때문이었다. 그래서 그는 이렇게 말한 바 있다. "발견되지 않은 원소가 있으며, 그것이 발견되면 그 원소의 원자량은 티타늄보다 적을 것이다. 빈칸을 남겨두면 이후에 그 원소가 세로줄에 놓이더라도 제각기 위치할 세로줄에 올바로 놓일 수 있다. 티타늄은 탄소와 규소가 놓인 가로줄에 속하게 된다."(『인간 등정의 발자취』 354~365쪽) 빈칸들이 있다는 것, 곧 발견되지 않은 원소들이 있다는 착상이야말로 과학적인 영감이었다.

그러나 세상의 과학자들이 모두 멘델레예프의 발견에 동의한 것은 아니었다. 그의 위대한 점이 밝혀지기까지는 시간이 좀 더 필요했다. 1875년 프랑스의 화학자 부아보드랑Paul Émile (François) Lecoq de Boisbaudran, 1838~1912이 멘델레예프가 예측한 원소들 중 하나를 발견한 것이다. 바로 갈륨이었다. 하지만 이 원소는 멘델레예프가 예측했던 것과 성질은 유사했지만 비중이 달랐다. 멘델레예프는 이 원소의 비중을 5.9~6.0이라고 예측했는데, 부아보드랑의 실험 결과치는 4.7이었다. 멘델레예프는 부아보드랑에게 편지를 보내 자신의 견해가 맞다고 주장했다. 나중에 재실험을 통해 멘델레예프의 예언이 맞은 것으로 확인되었다. 갈륨의 비중은 5.91이었다. 갈륨은 화학 역사상 그 존재가 먼저 예측되고 실제로 발견된 최초의 원소였다. 그리고 1886년, 독일의 화학자 클레멘스 빙클러Clemens Winkler, 1838~1904가 새로운 원소를 발견했다. 그는 이 원소가 독일에서 발견되었다고 해서 저마늄(germanium)이란 이름을 붙였다. 이 원소에 대해 멘델레예

멘델레예프의 동상과 그가 만든 주기율표

프는 1871년에 비중 5.5인 회색빛 금속일 것이라고 예상했다. 발견 이후 확인한 바에 의하면 비중이 5.323에 회색빛 광채가 나는 금속이었다. 이로써 멘델레예프의 표가 거의 정확한 것임이 확실하게 증명되었고, 화학도 이제 과학의 한 분야로 당당하게 자리 잡을 수 있었다. 법칙을 통한 예측이 가능해진 것이다.

현재까지 알려진 원소는 모두 120개 정도다. 멘델레예프가 주기율표를 작성하던 당시와 비교해 50개 정도가 늘어났다. 그 사이 주기율표 자체도 조금씩 개선되어 왔다. 그리고 무엇보다도 멘델레예프가 생각했던 것과 달리 주기율표에서 중요한 것은 원자량이 아니라 원자번호라는 사실도 밝혀졌다.

오늘날 알려진 원소 가운데 92개는 자연에 존재하고, 나머지는 실험실에서 만들어진 것이다. 1955년에는 101번 원소가 발견되었는데, 이 원소의 이름은 멘델레븀이다. 바로 멘델레예프의 이름을 딴 원소다.

뱀이 꼬리를 물고 있는 꿈

19세기 초 극장이나 공공건물들은 고래 기름에서 추출한 가스를 이용해 등불을 밝혔다. 이 가스를 운반할 때는 철제 용기에 압축시켜 담아야 하는데, 이 과정에서 휘발성 향이 나는 액체가 분리된다. 이 물질이 바로 벤젠이다.

얼마 뒤에는 석탄을 가공하고 남은 찌꺼기인 타르에서 벤젠을 대량으로 얻게 되었다. 이 물질이 관심을 끈 것은 많은 화학자들이 타르 추출물에서 산업적 활용 가능성을 보았기 때문이다. 화학자들은 곧 벤젠 분자가 탄소 6개와 수소 6개가 결합(C_6H_6)되어 있다는 사실도 밝혀냈다. 하지만 어떤 모양으로 결합되어 있는지는 아직 알지 못했다.

벤젠의 결합 구조를 알아낸 사람은 케쿨레 Friedrich August Kekulé von Stradonitz, 1829~1896다. 그는 벤젠이 어떻게 결합되

케쿨레

케쿨레가 구상한 벤젠의 결합 구조

어 있는지에 관한 의문을 탄소 6개가 고리를 이룬 구조로 해결했다. 이 경우, 6개의 탄소는 한쪽은 이중결합, 다른 한쪽은 단일결합을 해서 둥근 모습으로 서로 손을 맞잡고, 남은 하나의 전자로는 수소와 단일결합을 하기 때문에 탄소와 수소의 수가 완벽하게 들어맞는다. 그렇다면 케쿨레는 이 의문을 어떻게 해결했을까?

케쿨레는 벤젠의 고리형 구조에 대한 힌트를 꿈에서 얻었다. 그에 따르면 꿈에서 탄소와 수소 원자가 결합된 긴 사슬이 마치 뱀처럼 움직였다고 한다. 그러다가 어느 한 순간 뱀 한 마리가 자신의 꼬리를 물어 고리를 만드는 것을 보았다. 벤젠의 구조를 밝히는 데 있어 결정적인 역할을 한 이 꿈에 대해서 영국의 아서 쾨슬러Arthur Koestler는 자신의 책 『The Act of Creation』(국내에는 미번역)에서 구약성경에 나오는 요셉의 꿈(이집트 왕의 꿈에 살진 소와 여윈 소 7마리가 나타난 것을 풍년과 흉년이 7년씩 계속될 것으로 예견) 이래 역사에 있어서 가장 중요한 꿈이었다고 말했다.

멘델레예프와 케쿨레, 두 사람의 이야기에서처럼 우리는 어떤 일에 깊이 빠져 있으면 꿈에서조차도 그것에 대해 생각하고 있는 것으로 보인다. 해결되지 않는 어떤 문제에 봉착했다면, 잠을 자 두는 것도 도움이 될 터. 다만 중요한 것은 미쳐야 한다는 점이다.

제이콥 브로노우스키 지음, 김은국 옮김, 『인간 등정의 발자취』(바다출판사, 2004)
빌 브라이슨 지음, 이덕환 옮김, 『거의 모든 것의 역사』(까치, 2003)
에른스트 페터 피셔 지음, 박규호 옮김, 『슈뢰딩거의 고양이』(들녘, 2009)

Section 7

소 뒷걸음으로 쥐 잡다

1 우주의 시작에 대한 증거를 찾다

세상 일 가운데 내가 마음먹은 대로 되는 게 몇이나 있을까? 아마도 뜻대로 안 되는 일이 더 많으리라. 내 마음조차 스스로 통제할 수 없으니 말이다. 그러나 어떤 때는 내가 마음먹지 않았음에도 일이 잘 풀리는 경우가 있다. 이런 경우를 빗대어 우리는 '소 뒷걸음으로 쥐를 잡는다'라고 표현한다. 그렇게 잡은 쥐가 아주 큰 경우도 있다. 횡재했다는 표현이 어울릴 만한 일이 벌어진다. 그래서 인생은 살 만한 가치가 있지 않는가.

2 나일론 발명

우주의 시작에 대한 증거를 찾다

우주의 시작, 그 순간을 우리는 빅뱅Big Bang이라고 부른다. 빅뱅이 있었던 날은 시간이 시작된 날이었다. 빅뱅의 순간 이전에는 어제가 없었고 과거도 없었다.

이 빅뱅이라는 개념은 1920년대에 벨기에의 가톨릭 성직자이면서 학자였던 조르주 르메트르Georges Édouard Lemaître, 1894~1966가 처음 제안했지만 그의 의견은 수많은 반대에 직면했다. 빅뱅 개념이 우주론에서 본격적으로 받아들여지기 시작한 것은 빅뱅의 증거가 발견되기 시작하면서부터였다.

에드윈 허블과 밀턴 휴메이슨이 적색편이 현상을 발견함으로써 우주가 팽창하는 증거

◀ 조르주 르메트르

를 발견했고, 또 1960년대 중반에 두 명의 젊은 전파천문학자가 새로운 발견을 하기도 했다. 전파천문학(radio astronomy)은 외계에서 수신된 마이크로파에 근거해 은하계의 구조와 형성 과정을 연구하는 분야다.(『생각의 기차 1』 28쪽)

로버트 윌슨Robert Wilson, 1936~과 아노 펜지어스Arno Penzias, 1933~는 1965년 벨연구소에서 대형 통신 안테나를 활용할 방법을 찾고 있었다. 하지만 그들이 안테나를 실험하는 중에 끊임없이 들려오는 잡음은 작업에 막대한 지장을 주었다. 잡음은 하늘의 어느 쪽에서나 똑같이 들렸고 밤과 낮, 계절의 변화에도 마찬가지였다. 잡음의 원인을 찾아내기 위해 안테나를 상세히 점검했으나, 별 문제가 없는 듯 보였다. 그런데 어느 날 안테나에 비둘기 한 쌍이 둥지를 튼 것을 발견했다. 비둘기를 쫓아내고, 비둘기의 배설물을 모두 치웠다. 그렇지만 소음은 여전했다.

두 사람이 있는 곳은 미국 뉴저지 주의 홈델이었다. 그곳에서 불과 50킬로미터 떨어진 프린스턴 대학의 로버트 디키Robert Henry Dicke, 1916~1997는 두 사람이 없애려고 한 그 잡음을 찾아내려 하고 있었다. 디키는 천체물

윌슨과 펜지어스가 홈델의 벨연구소에서 사용한 혼 안테나(horn antenna)

리학자인 조지 가모브George Gamow, 1904~1968가 1940년대에 주장한 빅뱅설을 확인하려 했다. 가모브는 우주를 자세히 살펴보면 대폭발에서 남겨진 우주배경복사(cosmic background radiation, 宇宙背景輻射, 특정한 천체에서 오는 것이 아니라 우주 공간의 모든 방향에서 같은 강도로 들어오는 전파로, 가모브는 이것을 빅뱅의 잔향이라고 여겼다)를 발견할 수 있을 것이라고 주장했다.

디키의 연구팀은 벨연구소로 가서 윌슨, 펜지어스와 함께 작업을 한다. 그리고 결국 이 알 수 없는 소음의 원인을 밝혀낸다. 뿐만 아니라 이 소음이 가지고 있는 가치를 알게 된다. 그 소음은 우주에서 가장 오래된 빛, 즉 최초의 광자였다. 그 빛은 오랜 기간 먼 거리를 여행하면서 마이크로파로 바뀌어 있었다.

이상한 소음은 약 1밀리미터의 파장으로 나타났다. 바로 우주에서 오는 배경 방사선이었다. 우주 배경 방사선은 폭발로 비롯된 모든 진화의 처음 시작, 즉 우주 대폭발을 나타내는 증거다. 150억 년 전에 일어났다고 추정되는 대폭발 이후 불덩어리의 시기를 지난 뒤 우주의 온도는 켈빈 3도로 떨어졌다. 켈빈 3도란 상상할 수 없을 정도로 낮은 온도로 영하 270도에 해당하는 것으로서 절대 영도(열역학적으로 생각할 수 있는 최저 온도, -273.15℃)에 가깝다.

우주는 높은 밀도의 물질과 매우 높은 기온, 강렬한 광선과 함께 탄생했다. 우주에는 오늘날까지도 불타는 빛들이 남아 있다. 다시 말해 우주 공간 속에서 균일한 잡음의 형태로 그 여파가 남아 있는데,

이것은 대폭발의 메아리인 셈이다.

펜지어스와 윌슨은 우주배경복사를 찾고 있지도 않았고, 처음에는 그것이 무엇인지도 몰랐으며, 그것을 설명하거나 해석하는 논문을 발표한 적도 없었다. 하지만 그들은 1978년에 노벨 물리학상을 받았다. 윌슨은 1978년 노벨상 수상 강연에서 이렇게 말했다.

"펜지어스와 나는 우리의 보고서에서 배경복사의 기원을 둘러싼 우주론적 이론이 논의되지 않도록 주의를 기울였다. 우리는 우주론적 작업에 관여하지 않았기 때문이다. 더욱이 우리는 우리의 측정이 우주론적 이론과 무관하며, 그런 이론으로 오래 남을 것으로 생각했다."(『생각의 기차 1』 32쪽)

반면에 우주배경복사를 찾고 있던 프린스턴의 연구진은 동정을 받았을 뿐이다.

지금도 우리는 눈으로 우주배경복사를 볼 수 있다. 텔레비전 방송이 없는 채널에서 나타나는 무질서하게 물결치는 무늬 중에서 1퍼센트 정도는 오래전에 일어났던 대폭발의 잔재 때문에 생기는 것이라고 한다.

나일론 발명

나일론 환자, 나일론 신자 등의 단어에서 알 수 있듯이 나일론은 '가짜'라는 의미를 담고 있다. 거기에는 이유가 있다. 나일론은 우리 인류가 처음으로 만난 '가짜' 섬유였던 것이다. 그러나 그 가짜는 너무도 멋진 가짜였다.

나일론의 성공은 스타킹에서 시작되었다. 1940년에 시판된 나일론 스타킹은 여성 의류에 혁명을 일으켰다. 1940년 5월에 400만 켤레의 스타킹이 출시되었고, 단 4일 만에 품절이 되었다고 한다. 때마침 태평양 전쟁이 터져 일본으로부터 실크 수입이 단절되는 바람에 듀폰은 나일론을 가지고 급속도로 여성 고급 의류 시장을 잠식할 수 있었다.

오늘날 전 세계의 누구나 나일론에 익숙하지만, 정작 이를 개발한 주인공은 그다지 알려져 있지 않다. 전 세계를 변화시켰던 성공적인 발견에 비하면, 그의 명성이 남아 있지 않은 것은 의외다.

하버드 대학에서 유기화학 강사로 일하다가 세계적인 화학회사 듀폰의 중앙연구소 기초과학연구부장으로 스카우트된 캐러더스Wallace Hume Carothers, 1896~1937는 고분자에 관한 연구를 주로 했다. 그가 처음부터 인공 섬유를 개발하겠다는 목표를 세운 것은 아니었다. 그가 듀폰으로 옮긴 이유는 돈이었다. 두 번째는 대학에서 하듯이 상업성이 없는 기초과학 분야를 계속 연구할 수 있도록 듀폰이 허락했기 때문이었다.

캐러더스는 1896년 아이오와 주의 디모인에서 자랐고, 미주리에서 대학을 다녔으며, 일리노이에서 박사 학위를 받았다. 그의 집은 매우 종교적이고 엄격했고 궁핍했다고 한다. 1914년, 캐러더스는 고등학교를 졸업하고는 화학자가 되고 싶어 했다. 그러나 그의 아버지는 자신이 교사로 근무하고 있는 상업전문학교로 진학을 시킨다. 1년 후 캐러더스는 미주리 주에 있는 규모가 작은 장로회 대학인 타키오 대학으로 진학한다. 그는 우수한 학생이었지만 학비 때문에 힘든 대학 생활을 했다. 돈을 벌어 가며 대학 생활을 했기에 5년 만에 졸업하게 된다. 그러고는 24세의 나이로 일리노이 대학원에 진학한다. 28세였던 1924년에 박사 학위를 받고, 일리노이 대학의 강사가 되었다. 그리고 2년 후 하버드 대학으로 자리를 옮긴다.

알코올과 산의 결합으로 이루어진 화합물을 에스테

르ester라고 부른다. 1929년 듀폰의 연구팀은 알코올기와 산기를 계속 연결해 감으로써 많은 에스테르가 연결된 최초의 폴리에스테르polyester를 만들었다. 캐러더스가 초기에 만든 폴리에스테르 물질들은 오늘날 섬유 산업에서는 거의 사용되고 있지 않지만, 그것들은 현대의 합성 섬유 산업을 여는 출발점이 되었다.(『화학의 프로메테우스』 207쪽)

어느 날 캐러더스의 연구팀원 중 한 사람인 줄리언 힐Julian Hill이 실험에 실패한 찌꺼기를 씻어 내려다가 잘 되지 않자 불을 쬐어 보았는데, 뜻밖에도 이 찌꺼기가 계속 늘어나서 실과 같은 물질이 되었다. 이것을 본 캐러더스는 인공 화학 섬유의 개발을 본격적으로 추진하여 결국 나일론을 발명하게 되었다.

그 후 듀폰은 상품화 과정을 거쳐서 나일론을 공식적으로 세상에 내놓았다. '석탄과 공기와 물로 만든 섬유', '거미줄보다 가늘고 강철보다 질긴 기적의 실'로 불리는 나일론은 여성용 스타킹의 원료로 선풍적 인기를 끈 것을 비롯하여 의복, 로프, 양말, 낙하산 등에 널리 사용됐다.

결국 한 과학자가 기초연구를 하다가 실험실에서 우연히 발견한 나일론이라는 물질과 중앙 연구 소식 관리자들의 종합적인 연구 개발 전략이 결합되면서 듀폰의 나일론 신화가 탄생되었던 것이다. 이리하여 듀폰 회사의 나일론 연구 개발 전략은 기업의 성공적인 연구

개발의 한 전형적 사례로 기록되게 되었다.

나일론Nylon이란 명칭의 뜻은 지금도 명쾌하지 않다. 스타킹에 줄이 가지 않는다고 해서 노 런No-run이라는 뜻의 이름이 고려되기도 했지만, 1938년에 정식으로 나일론이라는 이름이 붙여진다. 뉴욕New York과 런던London에서 머리글자를 따서 만들었다는 얘기도 있고, 어떤 사람은 그 이름을 캐러더스의 우울증과 연관시켜 허무주의(Nihilism)와 고독(Loneliness)을 합성해서 만들었다고 주장하기도 했다. 또 이전까지 비단 스타킹 시장을 지배해 온 일본을 비꼬는 'Now you've lost, old Nippon(이제 너는 졌어, 일본은 구식이야)'이라는 문장의 머리글에서 따온 의미라는 말도 있었다. 이때는 미국과 일본이 태평양 전쟁을 하던 시기였기에 일본에 대한 미국인의 증오가 컸다. 듀폰 측이 1940년대에 이미 "나일론은 아무 뜻도 없는 신조어"라고 해명한 바 있지만, '나일론은 그 발명자의 비극적인 최후를 암시한 이름'이라는 전설이 오늘날까지도 인터넷에 떠돌아다니고 있다. 어쩌면 그것이야말로 이 불운한 천재의 최후에 딱 어울리는 전설이라고 모두들 생각하는 까닭일까?(네이버캐스트 〈인물세계사: 월리스 흄 캐러더스〉 2009년 2월 28일, 박중서)

평생 우울증으로 고생했던 캐러더스는 자신이 만든 나일론이 성공하는 것을 보지도 못한 채 1937년 41세의 나이로 자살한다. 노벨상은 따 놓은 당상이었지만, 너무 이른 죽음으로 인하여 그의 명성은 지나치게 축소되어 있다.

REFERENCE

빌 브라이슨 지음, 이덕환 옮김, 『거의 모든 것의 역사』(까치, 2003)
존 파렐 지음, 진선미 옮김역, 『빅뱅 : 어제가 없는 오늘』(양문, 2009)
구트룬 슈리 지음, 김미선 옮김, 『세계사를 뒤흔든 16가지 발견』(다신초당, 2008)
이상하 지음, 『생각의 기차 1』(궁리, 2008)
새런 버트시 맥그레인 지음, 이충호 옮김, 『화학의 프로메테우스』(가람기획, 2002)

Section 8

세상은 2등을 기억해 주지 않는다. 그러나 2등도 괜찮아

꼴찌에게 보내는 갈채

1 2등 우주인, 달에서 골프 치다

2 불운한 천재, 리제 마이트너

아바(ABBA)의 〈The Winner Takes It All〉이란 제목의 노래가 있다. 이 제목은 '승자가 다 가져간다' 혹은 '승자 독식'이란 뜻이다. 이 말이 모든 분야에서 통하는 것은 아니지만, 과학 분야에는 거의 들어맞는다. 이 말은 어떤 것이든 먼저 자리를 잡으면 후발 주자는 선두를 따라잡기 힘들다는 뜻으로 통한다. 쉽게 말해 시장에 1등으로 진입하는 것이 가장 중요하다는 말이다.

경로 의존성(path dependency)이라는 단어가 있다. 이는 한 번 일정한 경로에 의존하기 시작하면 나중에 그 경로가 비효율적이라는 것을 알고도 여전히 그 경로를 벗어나지 못하는 사고의 관습을 일컫는 말이다. 스탠퍼드 대학의 폴 데이비드(Paul David) 교수와 브라이언 아서(Brian Arthur) 교수가 주창한 개념인데, 매너리즘이나 사고의 관성이란 개념으로도 바꿔 볼 수 있다. 대표적인 사례는 컴퓨터나 타자기 자판을 들 수 있다. 현재 우리가 사용하는 컴퓨터 자판은 인체공학적이지 못하다. 이를테면 우리의 시각과 손의 해부학적 구조 등 측면에서 보았을 때 현재 사용하고 있는 자판은 신체에 불편함을 준다. 그러나 인체공학적인 설계로 만들어진 새로운 자판이 몇 차례 등장했음에도 사람들은 자판을 바꿀 생각을 하지 않는다. 사람들은 현재 사용하는 자판이 인체공학적으로 불편할지라도 자판 배열이 바뀌면 새롭게 자판을 익혀야 한다는 점을 참지 못하기 때문이다.

하지만 이러한 현상이 모든 경우에 통용되는 것은 아니다. 세상이 기억하는 2등도 얼마든지 있다.

3 빅뱅에 패한 프레드 호일, 원소 주기율표의 원소가 생성된 원인을 밝히다

4 고졸 출신 20대 여성, 아마추어에서 전문가가 되다

2등 우주인,
달에서 골프 치다

1957년 10월 4일 금요일, 스푸트니크 1호는 지구의 중력을 뚫고 대기권을 탈출한다. 지구 위로 올라간 스푸트니크 1호는 지구로 메시지를 전송한다. 드디어 우주 시대가 개막되었다. 4년이 지난 1961년 4월 12일 오전 9시 7분, 보스토크 1호에는 사람이 타고 있었다. 유리 가가린은 우주에서 지구를 내려다본 첫 번째 인간이 되었다. 발사한 지 1시간 48분 후 가가린은 지구로 다시 돌아온다. 그리고 23일 후인 1961년 5월 5일, 미국은 머큐리 3호에 우주인을 태우고 우주 비행에 나선다. 그러나 머큐리 3호의 비행시간은 총 15분이었으며, 대기권 밖에서 무중력 상태에 있었던 시간은 5분에 불과했다. 이는 기술적으로 볼 때 별 의미가 없는 비행이었다. 그 비행기에 타고 있었던 앨런 셰퍼드Alan Bartlett Shepard, Jr., 1923~1998라는 인물의 이름보다는 1962년에 지구를 세 바퀴 도는 데 성공한 동기생인 존 글렌John Glenn, 1921~의 이름이 더 많이 알려져 있다.

셰퍼드는 우주 비행 이후 평형 감각을 잃어버리는 귓병인 메니에르 병에 걸린다. 그래서 더 이상 우주인으로서 생활할 수 없었다. 그래서 그는 우주 비행사를 포기하고 지상 근무를 하면서 부동산 투자

달에 착륙한 앨런 셰퍼드

와 건설업으로 돈을 벌어 1960년대 후반에는 백만장자가 된다. 그렇지만 존 글렌에게 패배했다는 점은 그의 뇌리에서 지워지지 않았다.

결국 수술을 통해 병을 완치한 셰퍼드는 1969년에 현역 우주 비행사로 복귀한다. 마흔여덟 살이던 1971년, 아폴로 14호의 선장으로 달에 간 그는 우주 비행 역사에 진기록을 남겼다. 골프광이었던 셰퍼드는 아이언 채와 골프 공 2개를 가지고 달에 착륙했다. 그는 달에서 골프를 친 최초의 인간이 된다(『우주 콘서트』 218~227쪽). 그가 친 공은 약 2.5마일(3,948미터)을 날아갔다고 한다. 6번 아이언으로 친 이 공은 인간 역사에서 가장 멀리까지 도달한 골프공이었다(http://scienceblogs.com/startswithabang/2010/10/02/could-you-really-hit-a-golf-ba/).

불운한 천재, 리제 마이트너

'한 번도 인간적인 면모를 잃은 적이 없는 물리학자'

불우한 여성 과학자 리제 마이트너Lise Meitner, 1878~1968의 소박한 묘비에는 이렇게 새겨져 있다. 그녀는 노벨상을 받았어야만 했다. 공동 연구자였던 오토 한Otto Hahn, 1879~1968은 노벨 화학상을 수상했으나, 여자라는 이유 때문에 그녀의 업적은 지워지고 말았다. 그녀를 불운하다고 말하는 것은 이 때문이다.

오스트리아 태생의 리제 마이트너는 박사후 과정을 공부하기 위해 독일 베를린으로 향한다. 이곳에서 그녀는 화학자인 오토 한을 만난다. 두 사람은 여러 분야에서 뜻이 잘 맞아 평생에 걸쳐 좋은 연구 파트너로 지내게 된다. 하지만 유대인이었던 리제 마이트너는 나치를 피해 독일을 떠나야만 했다. 이별의 순간, 오토 한은 마이트너에게 그녀가 즐기는 담배와 자기 어머니의 유품인 다이아몬드 반지를 건넨다. 다이아몬드 반지는 아마도 필요할 때 돈으로 바꿀 수 있기 때문이었으리라. 리제 마이트너는 망명 생활을 하는 중에도 오토 한과 학문적인 연구 결과를 편지를 통해 주고받았다.

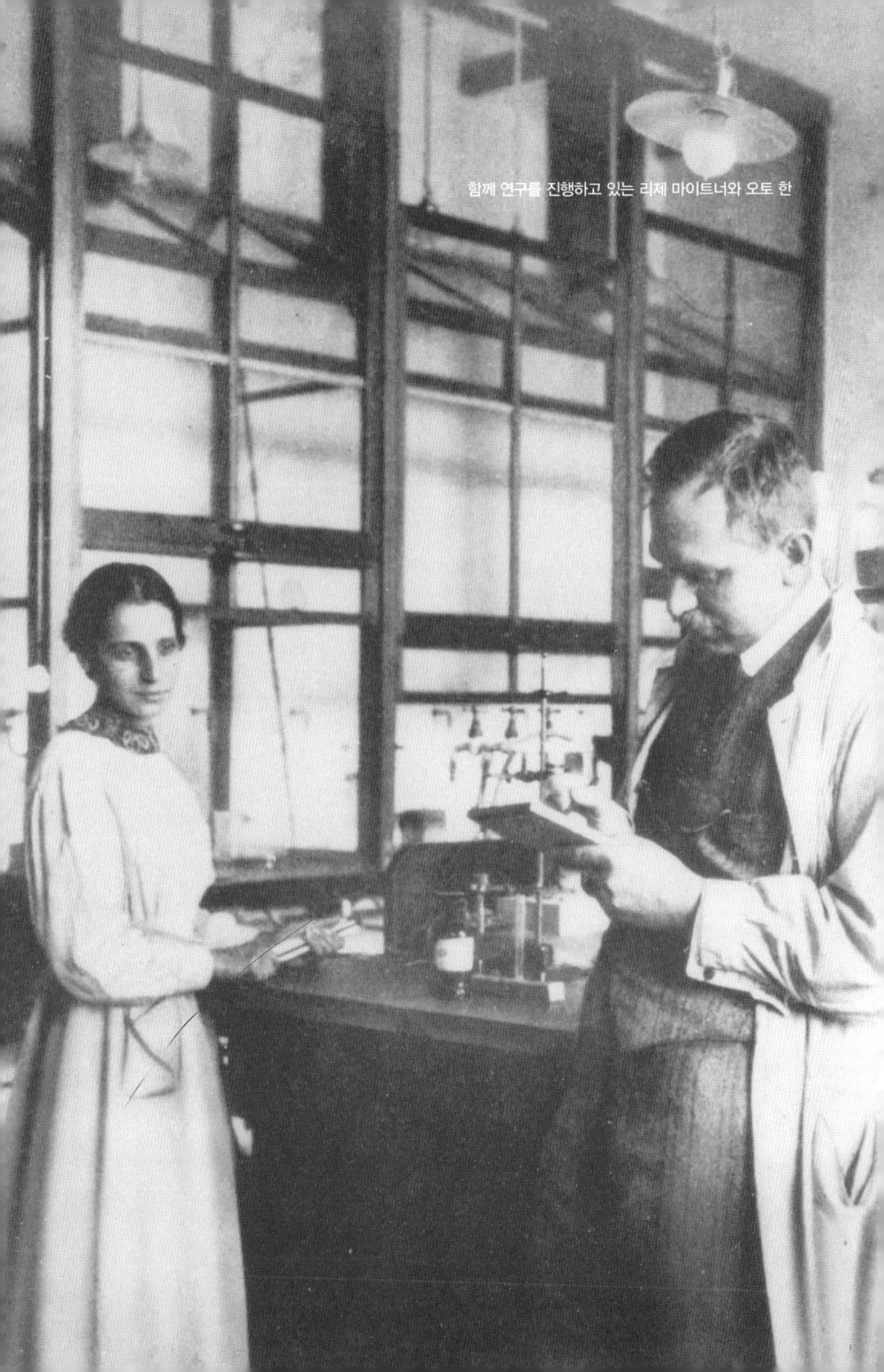

함께 연구를 진행하고 있는 리제 마이트너와 오토 한

줄곧 마이트너와 같이 활동했던 오토 한은 그녀의 도움 없이 연구를 진행하면서 어려움을 겪어야 했다. 연구 과정에서 어떤 현상이 일어나는 것을 발견해도 그 현상의 의미를 제대로 알아차리지 못하는 경우가 종종 있었다. 이런 경우 가운데 하나가, 우라늄에 중성자를 쏘면 바륨 동위 원소가 생성되는 현상이었다. 오토 한은 왜 이런 현상이 일어나는지 도저히 이해할 수 없었다. 그는 이런 사실을 마이트너에게 편지로 보낸다.

오토 한의 편지를 받은 마이트너는 당시 자신을 찾아온 조카 오토 로버트 프리시 Otto Robert Frisch, 1904~1979와 함께 이 문제에 대해 이야기를 나눈다. 오토 로버트 프리시는 물리학자였다. 두 사람은 오토 한이 편지로 전한 현상에 대해서 계산을 해 본 뒤에 새로운 종류의 핵반응이 존재한다는 사실을 알게 된다. 바로 핵분열(nuclear fission) 현상이었다.

핵분열 현상을 원리로 해서 만들어진 무기가 바로 원자폭탄이다. 두 사람이 알아낸 핵분열 현상 원리가 독일과 미국에 알려지자 미국은 독일이 원자폭탄을 먼저 개발할지도 모른다는 두려움 때문에 원자폭탄 개발을 서두른다. 이것이 맨해튼 프로젝트의 시작이었다. 이 프로젝트를 통해 원자폭탄이 만들어졌으나, 미국이 원자폭탄을 독일을 대상으로 사용하지 않고 일본에 터뜨린 것은 아이러니다.

많은 과학자들이 맨해튼 프로젝트에 동원되었지만, 마이트너는 참가 권유를 받아들이지 않았다. 자신이 발견한 핵분열 현상이 전쟁 무기에 이용되는 것을 반대했기 때문이다. 아마도 이런 점 때문에 그녀의 묘비에 '인간적인 면모를 잃은 적이 없는' 이라는 문구가 새겨졌을 것이다.

오토 한은 핵분열을 발견한 공로로 1944년에 노벨 화학상을 받았다. 마이트너가 공동 수상자가 되어야 했지만 그녀는 노벨상을 받지 못

일명 '트리니티 샷(Trinity shot)'이라고 불리는, 맨해튼 프로젝트에 의해 처음 핵폭탄 실험을 했을 때의 사진
ⓒ Jack W. Aeby

했다. 그렇지만 우리는 아직도 그녀의 이름을 기억하고 있다. 그녀의 이름은 '원소 주기율표'에도 남아 있다. 1982년, 독일 다름슈타트에 있는 중이온 연구소에서 새로운 원소를 발견한다. 이 원소에는 원자 번호 109번이 부여되었으며, 마이트너륨Meitnerium, Mt이라는 이름이 붙여졌다. 후대 과학자들이 마이트너의 공로를 인정한 셈이다. 공동 연구자였던 오토 한의 이름은 어떤 원소에도 사용되지 않았다. 1등은 노벨상을 받았고 2등은 노벨상을 받지 못했다. 하지만 '아름다운 2등'은 영원히 사람들의 가슴속에 남아 있다.

빅뱅에 패한 프레드 호일, 원소 주기율표의 원소가 생성된 원인을 밝히다

우주는 커지지도 않고 작아지지도 않는다는 '정상 우주론'을 믿고 있던 프레드 호일Fred Hoyle, 1915~2001은 '팽창 우주론'에 반대했다. 1949년, 영국의 공영 방송 BBC는 우주의 기원을 주제로 한 토론 프로그램에 프레드 호일과 조지 가모브를 초대했다. 호일은 우주는 한 점에서 시작되었다고 주장하는 가모브를 비롯한 과학자들에 대해 경멸적인 어조로 '큰 폭발(Big Bang)'이란 단어를 썼다. 호일이 빅뱅이란 단어를 쓴 이유는 팽창 우주론을 비웃기 위해서였다. 결국 빅뱅이란 단어는 이 이론을 가장 강력하게 비판한 사람이 붙여 준 이름인 셈이다. 그러나 호일이 반대하고 비판했던 팽창 우주론은 여러 과학적 증거로 인해 우주의 기원을 설명하는 가장 확실한 이론으로 자리 잡게 된다. 호일은 처참하게 패배한 셈이다. 1950년 BBC는 호일을 방송 섭외 기피 인물로 낙인을 찍었다.

빅뱅 이론은 우주의 기원을 설명하는 데 큰 성공을 거두었다. 그러나 빅뱅 이론은 우주에 존재하는 원소가 어떻게 생성되었는지에 대해 제대로 된 답을 할 수 없다는 한계성을 지니고 있었다. 빅뱅 이론은 헬륨이나 리튬과 같이 원소 주기율표 상에서 가장 가벼운 원소의

빅뱅

빅뱅설과 팽창 우주론을
표현한 그림

생성을 설명하는 데 그쳤다. 그렇다면 나머지 무거운 원소들은 어떻게 만들어진 것일까?

이 문제를 해결한 사람이 바로 프레드 호일이다. 호일은 우주의 기원에 관한 논쟁에 있어서는 처참한 패배를 맛보았지만, 그리 호락호락한 인물이 아니었다. 호일은 별의 마지막 소멸 시기의 온도와 압력의 변화를 계산해 낼 수 있었다. 그는 별은 마지막 단계에서 내부의 상태가 극적으로 변하기 때문에 모든 종류의 원소를 생산하는 용광로가 될 수 있다고 주장했다.

질량이 매우 큰 별은 생명도 짧다. 이것이 초신성이다. 초신성이 폭발할 때에는 100억 개의 별이 내는 에너지보다 많은 에너지를 방출한다. 따라서 초신성의 폭발로 커다란 핵반응이 일어날 수 있다. 초신성은 수명을 다하여 죽는 순간 온도가 조 단위까지 올라가므로, 내부에서 철보다 무거운 원소가 만들어질 수 있다. 호일은 이런 과정을 1957년, 마거릿 버비지Margaret Burbidge, 1919~, 제프리 버

비지Geoffrey Burbidge, 1925~2010 그리고 윌리엄 파울러William Alfred Fowler, 1911~1995와 함께 「항성에서의 원소의 생성」이란 제목의 논문을 통해 발표한다.

윌리엄 파울러는 1983년 노벨 물리학상을 수상한다. 그러나 프레드 호일은 수상에서 배제된다. 노벨상 역사에서 또 한 번의 억울한 일이 벌어진 셈이다.

빅뱅 이론에도 지고 노벨상 수상에도 실패했지만 프레드 호일의 명성은 여전히 남아 있다. 그는 원소 주기율표의 무거운 원소들이 생성된 원인을 밝힌 과학자이기 때문이다.

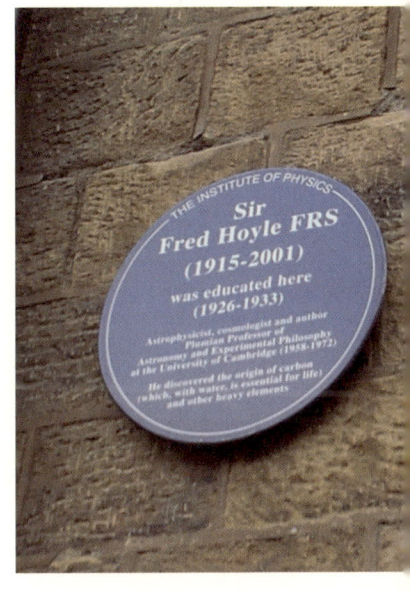

영국 빙글리 그래머 스쿨에 있는 프레드 호일의 기념패 1926년부터 1933년까지 그가 이곳에서 공부했다는 내용이 담겨 있다.
ⓒ Joseph Krol

고졸 출신 20대 여성,
아마추어에서 전문가가 되다

제인 구달Jane Goodall, 1934~의 명성을 모르는 사람은 없다. 그러나 그녀가 고등학교 졸업장만 가진 상태에서 동물학이나 영장류학의 박사 학위를 가진 어떤 사람보다도 위대한 발견을 했다는 사실을 사람들은 잘 모른다. 구달은 인생 역전을 이룬 사람이었다.

1960년, 구달은 아프리카 탄자니아의 곰비Gombe로 향한다. 야생 침팬지를 연구하기 위해서였다. 인류학자인 루이스 리키Louis Leakey, 1903~1972가 그녀를 곰비로 보낸 이유는 여성이 남성보다 동물행동학에 더 적합하다고 판단했기 때문이다. 루이스 리키는 여자가 남자보다 참을성이 더 많고, 침팬지 수컷이 인간 남성을 영역 경쟁 상대자로 여길 수도 있다고 생각했다.

곰비에서 지낸 1년 동안 그녀는 침팬지가 육식을 하고 또 도구를 사용한다는 사실을 밝혀낸다. 이것은 이전의 어떤 학자도 발견해 내지 못한 부분이었다.

1961년, 제인 구달은 케임브리지

대학 동물학과 박사 과정에 입학한다. 이런 파격적인 대접을 받은 배경에는 그녀의 후원자인 루이스 리키의 힘이 크게 작용했다. 루이스 리키는 구달이 대학 문턱도 밟아 보지 못했지만, 곰비에서 침팬지와 보낸 1년 동안의 성과로 대학 교육을 충분히 대체할 수 있다고 대학 측을 설득했다. 그녀는 4년 후인 1965년 박사 학위를 받는다. 이리하여 그녀는 학사·석사 학위 없이 박사 학위를 따낸 8명 중 한 명이 되었다(http://www.biography.com/people/jane-goodall-9542363?page=2).

REFERENCE

태의경 지음, 『우주 콘서트』(동아시아, 2007)
샤를로테 케르너 지음, 이필렬 옮김, 『리제 마이트너』(양문, 2009)
사이먼 싱 지음, 곽영직 옮김, 『우주의 기원, 빅뱅』(영림카디널, 2008)
미치오 카쿠 지음, 박병철 옮김, 『평행 우주』(김영사, 2006)
진주현 지음, 『제인 구달 & 루이스 리키』(김영사, 2008)

Section 9

세상의 모든 것은 돌고 돈다

1 해양 컨베이어, 1천 년에 걸친 여행

화무십일홍이고, 달도 차면 기우는 것이 자연의 섭리다. 우리나라의 경우를 보면 사계절이 있어 겨울이 아무리 추워도 봄은 오게 마련이다. 세상에 영원한 것은 없다. 인생의 경우도 새옹지마라고 하지 않던가.

우주도 영원하지 않다. 별은 생성되었다가 죽음을 맞이한다. 죽은 후 우주에 파편처럼 퍼진 물질들이 다시 모여 새로운 별을 만든다. 지구도 우주에 흩어져 있던 물질들이 뭉쳐져서 만들어진 것이다. 태양도 언젠가는 소멸하고 만다. 태양이 생명을 다한다면 우리 지구의 운명도 태양의 뒤를 따를 것이다. 물론 수십억 년 후의 일이겠지만 말이다.

2 자연 생태계에 대한 무지가 빚은 재앙

3 생태계 순환

해양 컨베이어,
1천 년에 걸친 여행

지구의 바다는 끊임없이 순환하고 있다. 멕시코 난류는 북극 가까이까지 올라갔다가 북극 바람에 의해 얼어붙는다. 남겨진 물은 밀도가 훨씬 높아지고 더 무거워져서 마침내 깊은 해저로 들어간다. 이 해저로 들어가는 통로를 '굴뚝'이라고 한다. 이렇게 깊은 해저로 들어간 물은 전 세계의 바다를 돌아다닌다. 아프리카를 지나 남극 대륙과 인도양과 태평양을 거쳐 다시 대서양으로 돌아오는 데 천년이 걸린다. 이 물길을 '해양 컨베이어'라고 부른다.

이러한 해수의 순환 덕분에 서유럽 국가들은 다른 대륙의 같은 위도에 있는 지역보다 날씨가 훨씬 온화하다. 예컨대 영국이나 스칸디나비아 반도에 있는 노르웨이와 같은 나라는 같은 위도 상에 있는 아시아 국가들보다 훨씬 온화한 기후를 가지고 있다. 겨울에 서태평양 지역에 있는 블라디보스토크보다 북쪽에 있는 바다는 모두 얼어 버린다. 그러나 노르웨이의 함메르페스트는 북위 70도에 위치한 항구지만 겨울에도 얼지 않는 부동항이다. 이는 멕시코 난류 혹은 멕시코 만류라고 부르는 바닷물의 흐름 때문이다. 멕시코 난류는 대서양의 더운 바다에서 여행을 시작해 북극 가까이까지 올라간다. 그래서 서

겨울에도 얼지 않는 노르웨이 힘메르페스트의 바다

유럽 국가들이 겨울에 덜 춥다.

　이는 물이 천천히 식기 때문에 일어나는 현상이다. 멕시코 난류가 만들어 내는 열의 양은 얼마나 될까? 이 난류가 매일 운반하는 열은 1년 동안 지구 전체에서 채굴한 모든 석탄을 태울 때 나오는 열보다 두 배가 많다. 그러니 1년 전체를 합하면 700배가 넘는다는 말이니, 이 난류의 힘을 충분히 느낄 수 있다.

　일리노이 대학의 마이클 슐레진저Michael Schlesinger는 "기후가 단 2.016도만 높아져도 바다에 담수가 쇄도해 해양 컨베이어를 중단한다."(『데드라인에 선 기후』 214쪽)고 예측하고 있다. 요컨대 영화 〈투모로우〉에서 본 장면이 섭씨 2도가 높아지면 실제로 일어난다는 말이다. 즉 세상의 물이 돌고 돌아야 하건만 그 흐름이 멈추게 되면 현재의 안정된 기후 시스템이 파괴된다는 의미다. 지구의 생명을 유지하는 이러한 순환은 자연계에서 널리 일어난다. 생태계도 마찬가지다.

자연 생태계에 대한 무지가 빚은 재앙

'자연과 환경'은 21세기를 살아가고 있는 우리에게 있어서 가장 첨예한 화두다. 만물의 영장으로서 자연계를 지배하고 있다는 인간의 오만함은 우리 자신을 지구의 지배자로 행동하게 만들었다. 그 결과, 환경 오염과 지구 온난화, 생물 다양성 파괴와 같은 일이 벌어지면서 지구 전체 생태계는 심각한 위기에 처해 있다.

20세기 중반 레이첼 카슨이 『침묵의 봄』이라는 책을 통해 살충제로 인해 새들이 사라지고 있음을 폭로한 이래로 우리는 자연에 대한 새로운 시각을 가지게 되었다. 그러나 아직도 인류의 무분별한 자연 파괴는 계속되고 있다. 갯벌을 매립하거나 댐을 건설하는 것과 같은 인간의 행동은 자연의 균형을 깨뜨리는 대표적인 사례이지만, 사람들은 아직도 '개발 바이러스'에 깊이 감염되어 있는 듯 보인다. 이를테면 생태경제학자들은 갯벌을 매립해서 개발하는 일보다 이를 보전함으로써 경

◣ 레이첼 카슨

제적으로 더 큰 이익을 얻을 수 있다고 말하고 있지만, 아직도 대부분의 사람들은 개발만이 능사라고 생각하는 경향이 강하다.

　자연은 한 번 파괴되면 이를 되돌리는 데에 많은 시간을 필요로 한다. 자연 생태계란 오랜 기간에 걸친 환경의 변화에 동식물들이 적응함으로써 균형이 잡힌 상태다. 그러나 자연을 파괴함으로써 벌어지는 환경의 변화는 급속하게 이루어진다. 동식물들은 이에 적응하지 못하고 사라진다. 결과적으로 자연 생태계의 균형이 깨지고 만다.

　제임스 러브록은 자신의 책 『가이아』에서 지구는 하나의 유기체로서 작용한다고 말했다. 이 말은 지구도 사람의 몸과 같이 항상성을 지니고 있어 항상 균형으로 나아가려는 성향을 지니고 있음을 의미한다. 사람의 몸도 면역 시스템이 제대로 작용해서 균형을 이루고 있을 때는 건강을 유지한다. 그렇지만 균형이 깨진다면 우리 몸은 병든다. 지구는 현재 균형이 지속적으로 깨지고 있다. 한마디로 말해 지금 지구는 병들어 있다. 지구를 균형 있게 만들려는 항상성이 임계치를 넘어섰다는 의미다. 이는 우리가 자연에 대해서 너무도 모르고 있기에 일어난 일이다. 우리는 생태계가 어떻게 구성되어 있고, 또 어떻게 작용하는지 알아야만 한다.

생태계 순환

생태계를 연구하는 학문을 '생태학(ecology)'이라고 부른다. 생태학은 "생물과 그 생물을 둘러싸고 있는 환경과의 상호작용을 연구하는 학문"(『숲 생태학 강의』 25쪽)이다. 다시 말해 생태학은 생물과 환경이라는 구성 요소를 연구한다. 숲 생태계에 대해서 이해하기 위해서는 숲 생태계의 구성을 알아야만 한다. 생태계는 생물 요소와 비생물 요소로 구성되어 있다. 생물 요소는 생산자, 소비자, 분해자로 나눌 수 있다. 그리고 비생물 요소란 환경을 일컫는다.

숲 생태계에 있어서 생산자는 당연히 식물이다. 식물은 광합성 작용을 통해 탄수화물을 생산한다. 식물은 태양빛과 물 그리고 땅속 영양분을 이용해서 줄기, 가지, 뿌리, 꽃, 열매, 잎을 만든다. 소비자는 스스로 양분을 합성할 수 없기에 생산자인 식물을 섭취해야 한다.

식물을 먹는 곤충이나 조류, 일부 포유동물을 1차 소비자라고 한다. 1차 소비자가 식물을 먹는 행위를 초식이라고 부른다. 2차 소비자와 고차 소비자는 1차 소비자를 먹는데 이들은 육식동물로, 이런 행위를 포식이라고 말한다.

여기서 1차 소비자는 식물이 생산한 조직을 섭취하여 보다 영양가 높은 조직을 만들며, 이들이 만든 지방이나 단백질은 2차 소비자의 먹잇감이 되므로 1차 소비자는 2차 생산자라고도 부른다.

마지막으로 숲 생태계에서 분해자는 청소부 역할을 한다. 그렇지만 단순한 청소가 아니다. 청소한 물질을 다시 사용할 수 있도록 만드는 포괄적이고 생산적인 역할을 한다. 모든 생물은 당연히 죽는다. 죽은 생물의 사체가 그대로 있다면 우리 주변 모습은 어떨까? 생각만 해도 끔찍하다. 분해자는 이러한 생물의 사체를 분해한다. 이 분해자는 우리 눈에 보이지 않을 정도로 작은 생물들로, 주로 낙엽 밑이나 땅속에서 산다. 선충류, 원생동물, 윤충류와 같은 토양 동물과 세균, 방사선균, 곰팡이, 조류 등의 토양 미생물이 대표적인 분해자다. 이 분해자의 역할로 말미암아 죽은 생물은 분해되고, 식물은 이

렇게 생긴 물질을 이용해 살아간다. 숲 생태계는 이처럼 끊임없이 순환하고 있는 자연 현장이다.

이제 생태계를 구성하고 있는 비생물 요소인 환경에 대해 알아보자. 환경은 생태계의 물질적 환경을 나타내는 위도, 경도, 고도, 기후를 말하는 '조건'과 생물에게 이용되는 빛, 물, 영양염류와 같은 '자원'으로 구분할 수 있다. 요컨대 숲 생태계는 다양한 요소에 의해 움직인다는 말이다. 또한 이러한 요소에 의해 숲 생태계는 정교하게 돌아가고 있다. 그럼에도 우리 인간은 아직 생태계 요소 간의 상호작용에 대해 모르는 부분이 많다. 생태학은 이런 의문에 대해 답을 해 주고 있다.

숲 속의 초록색 나무나 풀들 그리고 다양한 색깔의 꽃들과 열매, 새들의 다양한 소리는 인간의 눈으로 보면 아름다울 뿐만 아니라 경이롭기까지 하다. 이러한 모습은 자연이 끊임없이 순환하고 있기에 가능하다. 그 순환이 그친다면 우리 지구에는 생명이 존재할 수 없으리라. 세상의 모든 것은 돌고 돈다.

프레드 피어스 지음, 김혜원 옮김, 『데드라인에 선 기후』(에코리브르, 2009)
차윤정 지음, 『숲 생태학 강의』(지성사, 2009)
필립 볼 지음, 강윤재 옮김, 『H₂O, 지구를 색칠하는 투명한 액체』(살림, 2012)

Section 10

경쟁은 자연의 기본 원리

1 생존 경쟁

2 번식 경쟁

경쟁은 자연의 기본 원리다. 경쟁을 두려워해서는 안 된다.
자연이 무한한 자원을 보유하고 있는 것은 아니다. 따라서 각 생물 개체들을 그 유한한 자원을 획득하기 위해 경쟁한다. 하등한 생물에서부터 시작해 고등 동물까지 이러한 경쟁은 자연계에서 필연적으로 일어난다. 살아 있는 것들은 어떤 형태로든 경쟁을 하기 마련이다.

3 동물 세계에서는 왜 수컷이 화려한가

4 번식 경쟁은 인간 세상에서도 일어나고 있다

생존 경쟁

경쟁은 당연히 생존을 위해 일어난다. 식물들도 자신의 생존을 위해 잎을 태양으로 향하기 위해 뻗어 나가려 노력한다. 식물은 움직일 수 없지만, 가지와 잎을 필사적으로 태양을 향해 움직인다.

아프리카 초원에서 벌어지는 동물들의 삶 속에서도 생존을 위한 치열한 다툼이 벌어진다. 이 과정에서 포식자와 피식자의 관계가 만들어진다. 초식 동물은 영양분을 얻기 위해 식물의 잎을 먹는다. 식물 입장에서는 도망갈 수가 없기에 자신의 잎을 통해 강한 독성 물질을 분비한다. 포식 동물은 초식 동물들을 잡아먹는다. 포식 동물이 초식 동물을 잡아먹기 위한 가장 중요한 성공 요인은 영역 확보에 있다. 초식 동물이 많이 서식하는 영역을 확보하고 있다면 생존은 훨씬 쉬워진다. 그리고 또 하나 필요한 요인은 속도다. 초식 동물을 따라가서 포획하기 위해서는 빠른 속도를 지니고 있어야 한다.

인간 사회의 생존 경쟁은 동물의 세계에서 벌어지는 경쟁보다도 더 치열하게 전개된다. 사람들은 남보다 공부를 더 잘하기 위해, 그리고 사회에서 성공하기 위해 경쟁한다. 성인들은 그 경쟁에서 이기기 위해 여러 가지 수단과 방법을 동원한다. 외국어를 습득하고 자격증을 따는 등의 실용적인 방법을 활용하기도 하고 자기계발서를 통해 타인의 성공 요인을 자기 것으로 만들기도 한다. 또 때로는 아주 비열한 수법을 동원하기도 한다.

번식 경쟁

 자연계에서 벌어지는 경쟁 가운데에는 생존 경쟁보다 더 치열한 것이 있다. 바로 번식을 위한 경쟁이다. 생물의 최종 목표는 바로 번식에 있기 때문이다. 자신의 유전자를 후손에게 물려주는 일은 자연계에서 가장 중요한 일이다.
 식물의 꽃이나 열매 역시 번식 경쟁을 보여 주는 한 사례다. 식물은 자신이 움직이면서 짝을 찾을 수 없기에, 매개 동물을 이용한다. 꿀벌을 이용하는 경우가 대부분인데, 꿀벌에게 매력적으로 보이게끔 꽃이나 꽃받침의 모양을 만들고, 또 향기를 만든다. 이를 통해 수분을 하고, 나아가 씨를 퍼뜨리기 위해 화려한 색깔과 향기를 가지고 있는 열매를 만든다. 이 열매를 먹은 동물들의 배변을 통해 식물의 씨앗은 먼 곳까지 이동해 자리 잡을 수 있다. 거울난초는 이 과정에서 속임수를 쓰기도 한다.
 거울난초는 말벌을 대상으로 사기를 친다. 거울난초의 꽃은 말벌의 암컷처럼 생겼다. 그래서 수컷 말벌은 거울난초의 꽃이 암컷인 줄로 착각하고 다가간다. 하지만 자신이 찾던 암컷은 만나지도 못한 채 몸에 잔뜩 꽃가루만 묻히고 돌아간다. 이런 과정을 통해 거울난초는

암컷 말벌 모습을 한 거울난초의 꽃

번식을 한다. 식물이 우리가 생각하는 것보다 훨씬 더 똑똑한 존재임을 알 수 있다.

동물 세계에서는 왜 수컷이 화려한가

대부분의 새들은 수컷이 암컷보다 화려한 모습을 갖추고 있다. 공작의 꼬리나 꿩의 빛깔 등을 보면 수컷과 암컷은 외관에서 많은 차이를 보인다. 왜 수컷만이 화려한 모습을 지니고 있을까? 이를테면 공작의 화려한 꼬리 날개는 날기에도 불편하고 아울러 포식자의 눈에 잘 띄어 생존 가능성을 오히려 떨어뜨릴 개연성이 충분해 보인다. 게다가 이 화려함을 갖추기 위해서는 많은 자원을 필요로 하는 것이 당연하다. 치장에 많은 자원이 들어가고 또 자신의 생존 가능성이 줄어드는데도 이런 모습을 갖게 된 원인이 무엇일까?

이 원인을 밝힌 사람은 찰스 다윈Charles Darwin, 1809~1882이다. 그는 수컷이 화려한 이유는 암컷들이 선호하기 때문이라고 했다. 요컨대 생존 확률을 떨어뜨리는 한이 있어도 번식 가능성을 높이려는 목적이 내재해 있다는 것이다. 그렇다면 암컷들은 왜 화려한 수컷의 모습을 선호할까? 그것은 수컷이 화려함을 통해 자신의 건강을 과시하고 있기 때문이다. 자신에게는 기생충도 없고 화려한 모습을 갖추고 있을 정도로 영양도 충분히 섭취했음을 과시하고 있는 것이다. 그리하여 화려한 모습을 가진 수컷은 짝짓기에서 유리한 자리를 차지하

게 된다. 그럼으로 자신의 후손을 널리 퍼지게 할 수 있다. 이는 유전자의 목적이 자신의 유전자를 널리 퍼뜨리는 데 있기 때문이다. 리처드 도킨스Richard Dawkins, 1941~는 이를 '이기적 유전자'라고 불렀다. 수컷이 이처럼 자신의 자원을 화려함에 투자하고 있다면 암컷은 자원을 어디에 투자할까?

"수컷의 화려함에 비해 암컷이 훨씬 흐릿한 깃털을 지닌 데는 다 이유가 있다. 암컷은 그들이 지닌 카로티노이드를 알에 집중시켜서 노란빛 혹은 주홍빛이 되도록 한다. 이렇게 알 속에 집중된 카로티노이드는 활성 산소를 파괴하는 데 탁월한 역할을 하며 배아가 잘 자랄 수 있는 환경을 마련한다. 암컷이 남들보다 진한 눈빛을 보내며 훌륭한 면역 능력을 과시하는 수컷에게 눈길을 던지는 이유도 결국은 자식 보호 본능 때문이다."(『살아 있는 모든 것의 유혹』 122쪽)

즉, 암컷의 알에 대한 투자도 바로 자신의 유전자를 널리 퍼뜨리는 데에 있다. 암수의 목적이 똑같은 셈이다.

동물들의 번식 경쟁은 수컷의 화려한 모습 이외에도 목소리, 춤 등 다양한 형태로 나타난다. 고래가 짝을 찾는 방법은 노래다. 사람의 귀에는 들리지 않는 음역이지만, 짝을 찾기 위해 몇 시간이고 노래를 부른다. 암컷 고래는 이 노랫소리를 몇 백 킬로미터 떨어진 곳에서도 들을 수 있다고 한다. 새들의 노랫소리도 상대방을 유혹하기 위한 강력한 수단이다. 우리가 숲에서 들을 수 있는 새들의 아름다운 소리는 그들 간에 치열한 경쟁이 벌어지고 있음을 말해 준다. 노래를 부르는 새들도 수컷이다. 암컷들은 다만 소리를 지를 뿐이다. 배가 고프다고, 목이 마르다고, 몸이 아프다고, 두려움에 떨고 있음을 알릴 뿐이다. 암컷이 침묵하고 있는 순간에는 수컷의 노래에 귀를 기울인다. 암컷은 수컷의 어떤 노랫소리를 좋다고 느낄까?

"암컷이 멜로디가 아름다운 노래에 이끌리는 것은 아니다. 암컷은 오히려 노래의 질보다는 양적인 측면에 주의를 기울인다. 소리가 얼마나 강한지, 얼마나 자주 반복되는지가 주된 관심사인 것이다. 그래야 아이의 아빠가 될 새의 호흡기가 기생충에 감염되어 있는지 등의 건강 상태를 파악할 수 있다."(『살아 있는 모든 것의 유혹』 142~143쪽) 다시 말해 암컷은 건강한 수컷을 선호하고 있다는 말이다. 건강하다는 의미는 일단 생존 경쟁에서 승리했음의 징표이며, 또 좋은 유전자를 가졌음을 의미하는 것이다. 암컷은 좋은 유전자를 가진 수컷과 짝을 지음으로써 좋은 후손을 낳기를 원한다. 이래야만 자신의 유전자가 널리 퍼질 수 있기 때문이다.

동물들은 짝을 얻기 위해 '춤'을 이용하기도 한다. 랙Rack이라고 부르는 장소에서 수컷들의 춤 경연장이 벌어진다. 당연히 춤을 잘 추는 수컷이 인기가 있고 암컷을 독차지한다. 또한 암수가 같이 춤을 추기도 한다. 갈라파고스 섬의 가마우지 암수가 추는 춤은 아주 유명하다. 가마우지를 영어로 부비booby라고 하는데 그래서 가마우지의 춤을 부비부비라고 한다. 인간의 춤에도 부비부비가 있다. 남녀가 몸을 밀착시키고 몸을 비비는 춤을 일컫는다. 아주 에로틱한 춤이다. 즉

'Shall we dance?'는 유혹을 위한 중요한 수단이고 방법이다.

"갈라파고스 섬의 가마우지는 암컷과 나란히 스텝을 맞추며 춤을 춘다. 가마우지는 자신과 성이 다른 상대방에게 원초적인 두려움을 가지고 있어 초반에는 무척 소극적이다. 수컷은 너무 겁이 난 나머지 암컷이 자신을 받아들이지 않으면 그 자리에서 황급히 도망친다. 수컷이 너무 적극적이면, 암컷은 오히려 방어 자세를 취하기도 한다. 현명한 유혹의 기술이 절실해지는 순간이다. 따라서 그들은 춤을 비롯한 구애 행위로 상대방에 대한 두려움을 해소해 가며, 조심스레 짝짓기를 준비하는 것이다. 암컷과 수컷이 함께 춤을 추는 것은 물새인 알바트로스에게서도 찾아볼 수 있는 현상이다. 이것은 함께 절정에 도달하기 위한 노력인지도 모른다. 춤은 상대가 갖고 있는 공격성과 두려움을 해소시키고, 사랑의 감정을 함께 느껴야 한다는 필요성을 강조한다. 일종의 조화를 추구하는 행위라고 할까.

수컷이 불청객을 쫓아내기 위해 추는 전투적인 춤도 암컷을 매혹시킨다. 암컷은 아름다움보다 그 순간에 드러나는 수컷의 용기에 탄복하는 것이다. 송사리, 몇몇 조류, 사슴 등의 반추 동물이 이런 춤을 보여 주는 대표적인 동물이다."(『살아 있는 모든 것의 유혹』 153쪽)

부비부비를 추는 암수 가마우지

번식 경쟁은 인간 세상에서도 일어나고 있다

앞의 동물 세계에서 보듯이 유혹은 남성의 몫이고 선택은 여성의 영역이다. 처음 찰스 다윈이 이 이론을 발표했을 때 영국의 보수적인 빅토리아 시대에는 이를 받아들이지 않았다. 여성이 남성을 선택한다는 말을 그들은 받아들일 수 없었다. 찰스 다윈 이론의 진실 여부가 중요한 것이 아니라 그 사회적 의미를 받아들일 수 없었던 것이다. 이 이론을 성선택(Sexual Selection)이라고 한다. 성선택 이론은 20세기에 와서야 드디어 수면 위로 떠오른다. 20세기 말에 탄생한 진화심리학은 인간의 짝짓기에 대해 아주 훌륭한 설명을 하고 있다.

에드워드 윌슨Edward Wilson, 1929~은 자신의 책 『통섭』에서 "진화심리학은 인간을 포함한 모든 생물의 사회 행동이 어떤 생물학적 기초를 갖고 있는지를 체계적으로 연구하는 사회생물학과 인간 행동의 기초를 체계적으로 연구하는 심리학이 만나서 생겨난 잡종 분야이다."(『통섭』 269쪽)라고 표현하고 있다.

동물들은 대부분 '수컷은 뽐내고 암컷이 결정한다'. 그러나 인간의 경우는 암수가 상호 결정한다. 인간의 암컷, 즉 여성은 어떤 배우자를 선호할까?

여성은 경제적 능력, 사회적 지위, 나이, 신뢰성과 안정성, 지능, 몸집과 힘, 건강, 사랑과 헌신 등의 항목을 중요시한다. 이러한 조건을 선호하는 것은 시대와 공간을 초월한다. 요컨대 동서고금을 막론하고 보편적으로 받아들여진다는 뜻이다. 경제적 능력이나 사회적 지위는 아이를 양육하기 위한 좋은 조건을 의미한다. 아이가 좋은 조건에서 성장해야만 건강하게 자랄 수 있기 때문이다. 지능, 몸집과 힘 같은 조건은 좋은 유전자를 가졌음을 의미한다. 신뢰성과 안정성, 사

랑과 헌신은 오랫동안 가정을 위해 한눈팔지 않고 지속적으로 노력하는지의 여부를 나타내는 요소다. 즉 여성은 좋은 유전자를 가지고 있으며 많은 자원을 보유하고 있고 죽을 때까지 자신과 아이를 위해 몸을 바칠 남자를 찾고 있다. 그렇기에 남자들은 경제적 능력과 사회적 지위를 위해 경쟁한다. 또 여자에게 자신이 평생 한눈팔지 않고 헌신하겠다고 속삭인다. 여성을 유혹하기 위해 여성이 원하는 것은 모두 할 것같이 이야기하기도 한다. "당신이 원한다면 하늘의 별까지도 따다 줄께." 그러나 결혼하고 나면 남자는 자신이 언제 그런 말을 했냐는 듯 변하기 시작한다. 잡은 고기에 먹이를 주지 않는 것이다. 남자는 또 다시 자신의 유전자를 퍼뜨릴 기회를 노리고 있다. 남자는 철저한 기회주의자다.

  그렇다면 남자는 어떤 여자를 선호할까? 간단하다. '젊은 여자'다. 남성들은 번식의 성공 확률이 높은 여성을 선호했다. 아이를 많이 낳을 수 있다면 자신의 후손을 많이 퍼뜨릴 수 있기 때문이다. 아이를 많이 낳을 수 있는 조건을 가진 여성은 어떤 여성일까? 바로 '젊고 건강한 여성'이다.

  "젊음은 매우 핵심적인 단서다. 여성의 번식 가치는 20세 이후에는 나이가 들어 감에 따라 꾸준히 감소한다. 40세에 이르면 현저하게 낮아져서 50세에 이르러 0에 가까워진다. 이렇게 여성의 번식 능력은 평생 유지되는 게 아니라 일부 기간에만 집중되어 있다. 남성의 선호는 이 단서에 초점을 맞춘다."(『욕망의 진화』 114쪽) 그래서 동안童顔이 인기 있는 것이다.

  데이비드 버스David M. Buss, 1953~ 교수의 연구에 의하면 37개 문화권에서 이루어진 조사 결과, 평균적으로 남성은 자신보다 약 2.5세 어린 이내를 원했다. 즉 남성이 어린 여성을 아내로 맞고 싶어 하는 것은 보편적인 현상이다. 게다가 남성들은 나이가 들수록 짐점 더 자기보다 어린 여성을 배우자로 선호한다. 30대 남성들은 대략 5세 어린 여성을 선호하는 반면, 50대 남성들은 10~20세 어린 여성을 선호한다. "현대의 남성들이 젊은 여성을 선호하는 이유는 여성의 번식 가치를 알려 주는 유력한 단서로서 여성의 나이에 초점을 맞추었던 조상 남성들의 선호를 그대로 물려받았기 때문이다."(『욕망의 진화』 116쪽)

우리 조상들은 여성의 건강과 젊음을 드러내 주는 두 가지 가시적인 증거를 알고 있었다. 우선 도톰한 입술, 깨끗한 피부, 부드러운 살결, 맑은 눈, 윤기 흐르는 머리카락, 탄력 있는 근육 등과 같은 신체적인 외양을 들 수 있다. 또 다른 증거로서 밝고 경쾌한 걸음걸이, 생기 넘치는 얼굴 표정, 충만한 에너지 같은 행동적 특질이 있다. 젊음과 건강, 곧 번식 능력에 대한 이러한 신체적 단서들이 여성의 아름다움에 대한 남성의 판단 기준을 이룬다.(『욕망의 진화』 117쪽) 이런 남성의 선호에 맞추어 여성들은 자신의 모습을 만든다. 바로 화장과 치장이다. 여성 화장품 시장의 활성화는 남성들의 극성스런 젊은 여성 타령에 기인하고 있는 셈이다. 화장으로 해결이 안 되는 문제는 성형으로, 또 운동과 다이어트로 젊음을 나타내는 몸매를 갖추고자 한다. 킬 힐은 어떤가? 이 역시도 마찬가지다. 이 모든 것이 남성을 유혹하기 위한 여성들의 몸부림이다.

이 세상은 경쟁으로 가득하다. 이 경쟁을 당연하게 여기고 이에 대처하는 사람만이 살아남는다.

에드워드 윌슨 지음, 최재천 옮김, 『통섭』(사이언스북스, 2005)
데이비드 버스 지음, 전중환 옮김, 『욕망의 진화』(사이언스북스, 2007)
클로드 귀댕 지음, 최연순 옮김, 『살아 있는 모든 것의 유혹』(휘슬러, 2006)
폴커 아르츠트 지음, 이광일 옮김, 『식물은 똑똑하다』(들녘, 2013)

Section 11

최고만 뽑아 놓는다고 최고가 되지는 않는다

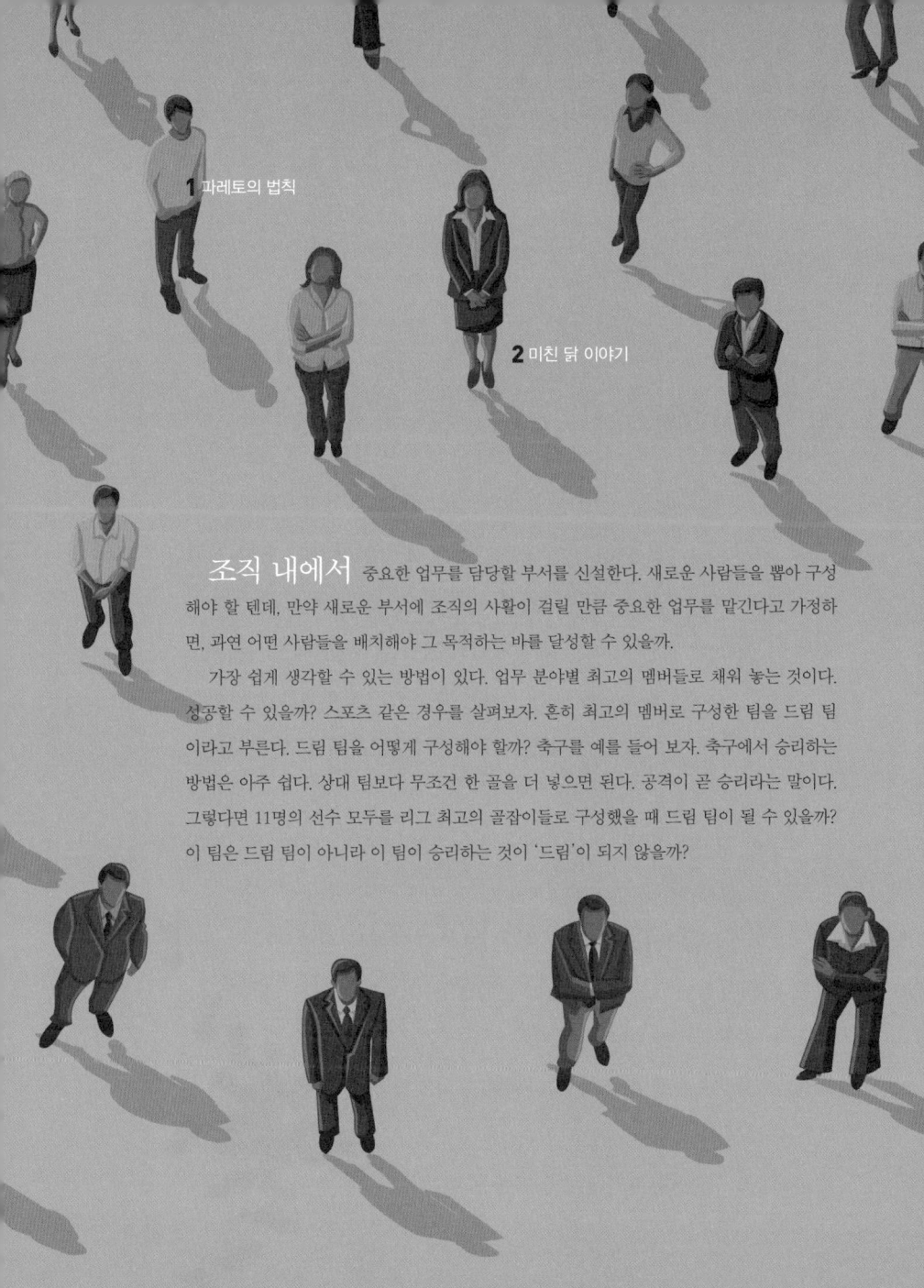

1 파레토의 법칙

2 미친 닭 이야기

조직 내에서 중요한 업무를 담당할 부서를 신설한다. 새로운 사람들을 뽑아 구성해야 할 텐데, 만약 새로운 부서에 조직의 사활이 걸릴 만큼 중요한 업무를 맡긴다고 가정하면, 과연 어떤 사람들을 배치해야 그 목적하는 바를 달성할 수 있을까.

가장 쉽게 생각할 수 있는 방법이 있다. 업무 분야별 최고의 멤버들로 채워 놓는 것이다. 성공할 수 있을까? 스포츠 같은 경우를 살펴보자. 흔히 최고의 멤버로 구성한 팀을 드림 팀이라고 부른다. 드림 팀을 어떻게 구성해야 할까? 축구를 예를 들어 보자. 축구에서 승리하는 방법은 아주 쉽다. 상대 팀보다 무조건 한 골을 더 넣으면 된다. 공격이 곧 승리라는 말이다. 그렇다면 11명의 선수 모두를 리그 최고의 골잡이들로 구성했을 때 드림 팀이 될 수 있을까? 이 팀은 드림 팀이 아니라 이 팀이 승리하는 것이 '드림'이 되지 않을까?

파레토의 법칙

개미와 베짱이 우화에서 보듯, 개미는 열심히 일하는 동물로 알려져 있다. 정말로 모든 개미가 열심히 일하고 있는지 확인하기 위해 이를 실증적으로 관찰했다. 그 결과, 모든 개미가 열심히 일하는 것이 아니라, 20퍼센트의 개미만 열심히 일하는 것으로 확인되었다. 그런데 그 이후에 더 재미있는 일이 일어났다. 열심히 일하는 20퍼센트의 개미만 모아서 일을 시키자, 그 가운데에서도 20퍼센트만 열심히 일하고 80퍼센트는 놀고 있다는 사실이 밝혀진 것이다. 마찬가지로 놀고 있는 80퍼센트의 개미만 모아 놓으니, 역시 이 가운데 20퍼센트는 열심히 일하고 있었다. 이것이 '80대 20 법칙'이다. 이탈리아의 빌프레도 파레토Vilfredo Pareto 1848~1923가 이를 발견했기에 보통 '파레토의 법칙'이라고 부른다. 이는 여러 분야에서 확인된다. 예컨대 백화점에서도 20퍼센트의 특정한 상품이 전체 매출의 80퍼센트를 차지한다거나, 우수 고객 20퍼센트가 회사 전체 매출의 80퍼센트를 차지한다든지 하는 방식으로 실증되었다.

파레토의 법칙이 우리에게 들려주는 이야기

는 여러 가지다. 예컨대 경제적 불평등에 대해서 이야기하는 경우도 있다. 오늘의 주제와 연결시켜 이야기하자면, 전체는 부분으로 구성되지만, 전체는 부분의 합과 같지 않다는 것도 파레토의 법칙과 일맥상통한다. 각 부분에서 열심히 일하는 개체를 모아 전체를 만들었는데도 결과인 전체는 우리의 기대와는 전혀 다른 모습으로 나타난다.

미친 닭 이야기

퍼듀 대학에서 가금류를 연구하는 과학자인 윌리엄 뮤어William Muir는 선택적 품종 개량을 통해서 달걀 생산량을 늘릴 수 있는 방법을 연구했다. 양계장에서는 보통 한 우리에 아홉 마리에서 열두 마리의 닭을 집어넣고 기른다. 닭들로서는 상당히 비좁은, 사람의 탐욕이 만들어 낸 비인도적인 공간이다. 뮤어는 두 가지 방법을 시도했다. 하나는 다음 세대의 품종 개량을 위해 수많은 우리에서 각각 달걀 생산량이 가장 많은 닭을 선별하는 것이었다. 두 번째는 같은 목표 하에 달걀 생산량이 가장 많은 우리의 닭을 모두 선별하는 것이었다.

그 결과는 어떠했을까? 상식적으로는 당연히 첫 번째 방법이 옳다고 여길 것이다. 왜냐하면 알을 잘 낳는 형질을 가진 닭은 분명 이와 관련된 유전자를 가지고 있을 테고, 세대를 거치면서 이런 좋은 유전 형질이 그대로 전해졌으리라고 생각하기 때문이다. 두 번째 경우는 무임승차를 한 닭이 있기 마련이다. 즉 한 우리에서 많은 달걀이 생산되었다고 하더라도 모든 닭이 비슷한 숫자의 달걀을 낳지는 않았으리라. 서너 마리의 닭이 아주 많은 달걀을 낳았기에 이런 결과가 나타났다고 생각할 수 있다. 그렇기에 당연히 달걀 생산량이 많은 닭

을 모아 놓으면 많은 달걀을 생산할 수 있다고 생각하는 것이 상식이다. 그런데 결과는 우리의 상식과 완전히 어긋났다.

뮤어의 연구 결과에 의하면, 첫 번째 방법으로 선별된 닭들이 6세대가 지난 뒤에 살펴보니, 우리 안에 집어넣은 닭 아홉 마리 중에 여섯 마리가 죽고 세 마리밖에 남지 않았다. 게다가 살아남은 세 마리마저 그칠 줄 모르고 서로 공격하며 하도 물어뜯어서 깃털이 거의 남아 있지 않았다. 각 세대에서 달걀 생산량이 가장 많은 닭들을 선별했음에도 달걀 생산량은 실험이 진행되는 동안에 급감했다. 도대체 어떤 일이 벌어졌을까?

생산성이 가장 높은 개개의 닭들은 같은 우리에 있던 다른 닭들의 생산성을 억제시키는 방법으로 자신들의 생산성을 높인 것이었다. 다시 말해 다른 닭의 모이도 빼앗아 먹었고, 무력을 이용해서 좁은 공간에서마저도 자신만의 공간을 넓혔다. 이런 상태에서 같은 우리에 있는 다른 닭들은 제대로 달걀을 낳을 수 없었다. 결국 윌리엄 뮤어는 각각의 우리에서 가장 '비열한 닭'을 선별했던 것이고, 그 닭들은 여섯 세대가 지난 후에는 미친 닭이 되었던 것이다.

두 번째 경우를 살펴보도록 하자. 우리 안에는 통통하게 살이 오르고 깃털이 모두

온전한 닭 아홉 마리가 고스란히 남아 있었다. 달걀 생산량도 실험이 진행되는 동안에 급증했다. 결국 생산성이 가장 높은 집단은 공격적 자질을 포기하고 조화롭게 공존할 수 있는 협동적 자질을 선택한 집단이었다. 당연히 가금류 업체들은 달걀 생산성을 높이기 위해 두 번째 방법을 선택했다.

뮤어의 실험이 우리에게 시사하는 바는 무엇일까? 인간 사회의 조직에서도 마찬가지로 생각해 볼 수 있다. 조직의 비효율적인 요소를 제거하여 최고로 효율적이고 생산성이 높은 조직을 만들려고 한다면, 공존과 조화가 필요하다는 말이다. 개개인의 능력이 최대로 발휘되는 경우보다는 오히려 팀이나 조직 전체의 팀워크가 더욱 중요하다는 뜻이다. 드림 팀이란 최고의 자질을 가진 구성원으로 만들어진 팀이 아니라, 서로 양보하고 이타적이고 더불어 사는 사람들이 모여 있는 팀이다.

데이비드 슬론 윌슨 지음, 김영희 · 이미정 · 정지영 옮김, 『진화론의 유혹』(북스토리, 2009)

Section 12

진리는 간단하다

쉽게 설명할 수 없다면 당신은 그걸 잘 안다고 할 수 없다.
_알베르트 아인슈타인(Albert Einstein, 1879~1955)

1 설명은 간단할수록 좋다

2 900단어의 혁명

1863년 11월 19일, 게티스버그라는 작은 도시에서 미국 남북 전쟁 전사자를 위한 공동묘지를 조성하는 기념식이 열렸다. 15,000명의 청중은 추운 날씨에도 불구하고 연사들의 목소리에 빠져 있었다. 동부 출신의 웅변가 에드워드 에버렛(Edward Everett, 1794~1865)이 2시간 동안의 연설을 마치고 연단을 내려갔다. 청중들은 에버렛에게 열렬한 박수를 보냈다. 다음 순서는 링컨(Abraham Lincoln, 1809~1865)이었다.

"87년 전 우리의 선조들은 자유의 신념으로 이 대륙에 새로운 나라를 세웠고"로 시작된 이 연설의 마지막은 "국민의, 국민에 의한, 국민을 위한 정부를 이 세상에서 결코 사라지지 않게 하는 것입니다."였다. 링컨의 연설은 단 2분에 불과했다.

링컨의 게티스버그 연설은 3분의 2가 단음절짜리 단어 268개로, 대부분 짧고 직접적이고 집약된 열 개의 문장으로 이루어져 있었다. 이 연설은 너무 빨리 끝나 버려, 공식 사진 기자들은 링컨이 연설을 끝내고 자리에 앉았을 때까지 카메라를 점검하고 있을 뿐이었다.(『발칙한 영어 산책』 139~141쪽)

민주주의의 핵심을 읽어 낸 가장 유명한 내용을 담은 강연은 불과 2분에 불과했다. 하지만 링컨보다 앞서 발표한 에버렛의 연설 내용을 기억하는 사람은 없다. 중요한 내용은 결코 길 필요가 없다.

3 방정식의 아름다움

4 더 간단하고 경제적인 이론

설명은 간단할수록 좋다

'오컴의 면도날(Ockham's Razor)'이라는 말이 있다. 이는 흔히 '경제성의 원리(Principle of economy)'라고도 한다. 이 말에는 "어떤 현상을 설명할 때 불필요한 가정을 해서는 안 된다"는 의미가 담겨 있다. 다시 쉽게 설명하자면 '같은 현상을 설명하는 두 개의 주장이 있다면 간단한 쪽을 선택하라'는 의미다. 여기서 '면도날'의 뜻은 불필요한 부분을 잘라 낸다는 의미를 가지고 있다.

오컴William of Ockham, 1285?~1349?은 신학자이자 철학자로 영국의 백작령 서리Surrey에서 태어났다. 오컴이 살아 있을 당시에는 '이 세상에 실재하는 것은 무엇인가?'를 규명하고자 하는 학자들의 논의가 뜨거웠다. 이 논의는 끝 모르게 이어졌다. 결론을 내리기 위해서 무언가가 필요하다고 느낀 오컴은 "지나친 논리 비약이나 불필요한 전제를 진술에서 잘라 내는 면도칼을 토론에 도입하자."고 제안했다. 오컴은 "무언가를 다양한 방법으로 설명할 수 있다면 우리는 그중에서 가장 적은 수의 가정을 사용하여 설명해야 한다."고 말했다. 요컨대 설명은 간단할수록 좋다는 말이다. 이 명제는 현대 과학 이론을 구성하는 기본 지침이 되었다.(『슈뢰딩거의 고양이』 333쪽)

900단어의 혁명

1953년 4월 25일 과학 잡지 〈네이처〉에 한편의 논문이 실렸다. 이 논문은 불과 900단어밖에 되지 않을 만큼 간단했다. 그런데 이 논문에 수록된 내용은 세상을 바꿀 정도로 혁명적이었다. 이는 'DNA 구조 발견'에 관한 논문이었다.

스물다섯 살에 불과한 제임스 왓슨James Dewey Watson, 1928~과 서른일곱 살의 프랜시스 크릭Francis Harry Compton Crick, 1916~2004은 유전 물질인 DNA의 구조와, DNA가 어떻게 복제되는가를 밝혀냈다. 같은 목적을 가지고 연구하던 수많은 경쟁자를 물리친 그들에게 1962년 노벨 생리의학상이 수여되었다.

인간의 유전자 전체를 읽어 낸 휴먼 게놈프로젝트가 가능했던 것은 이들의 발견이 있었기 때문이다. 왓슨은 이 프로젝트의 수장이었다. 900단어에 불과한 논문 덕에 우리는 다운증후군이 21번 염색체의 이상 때문에 발생한다는 것을 알게 되었고, 복제양 돌리Dolly와 복제개 스너피Snuppy를 탄생시킬 수 있었다. 또한 이들의 공로로 인해 미래에 유전병을 치료할 수도 있을 것으로 예상된다.

제임스 왓슨과 프랜시스 크릭이 만든
DNA의 초기 모델

방정식의 아름다움

"우아한 증명 혹은 계산이란 불필요한 복잡함을 최소한으로 해서 강력한 효과를 얻어 내는 것이다."(『최종 이론의 꿈』 177쪽) 이는 노벨 물리학상을 수상한 스티븐 와인버그Steven Weinberg, 1933~의 말로 그는 "단순한 것이 아름다운 것"이라고 말한다. 나아가 아름다운 이론만이 자연 현상의 모든 것을 설명해 주는 최종 이론으로 가는 길을 마련해 줄 것으로 예측하고 있다.

$E=mc^2$이란 공식을 한번 생각해 보자. 이 공식을 다른 말로 표현하면, '에너지는 질량과 같다'는 뜻이다. 이 공식에서 c는 중요하지 않다. c는 빛의 속도로 항상 일정하기 때문이다. 다만 질량(m, mass)이 많아지면 에너지(e, energy)가 커진다. c는 라틴어의 celeritas, 민첩하다는 뜻으로 영어의 celerity로 변화했다. 즉 속도, 속력을 뜻한다. 이 공식은 태양의 에너지를 나타낼 때도 사용할 수 있다.

태양은 지구에 빛을 비춘다. 이 에너지 덕분에 지구에 생명이 존재할 수 있다. 이 에너지는 수소가 핵융합을 일으키는 과정에서 생긴다. 태양은 매순간 수소를 헬륨으로 변화시키는 핵융합을 일으키는데, 이 과정에서 일정한 질량이 소멸된다. 수소의 핵융합 과정에서

0.7퍼센트의 질량이 사라지는 것이다. 정확히 말해서 1킬로그램의 수소가 핵융합을 하면 0.993킬로그램의 헬륨이 만들어지고 0.007킬로그램의 질량이 사라진다. 극히 작은 양이지만 이것이 태양이 빛을 내는 이유다. 사라진 질량이 빛으로 전환된 것이다.

'에너지=질량×빛의 속도의 제곱'인 $E=mc^2$ 공식에 이를 대입해 보면, 에너지의 양은 $0.007 \times (3 \times 10^8)^2$이 된다. 이것은 10만 톤의 석탄을 태울 때 나오는 에너지와 맞먹는 양이다. 이처럼 태양은 매순간 엄청난 에너지를 만들어 낸다. 이 경우도 작은 것이 세상을 바꾸는 좋은 예다. 이는 수소 폭탄의 원리에도 그대로 적용된다. $E=mc^2$은 가장 아름다운 방정식이다.

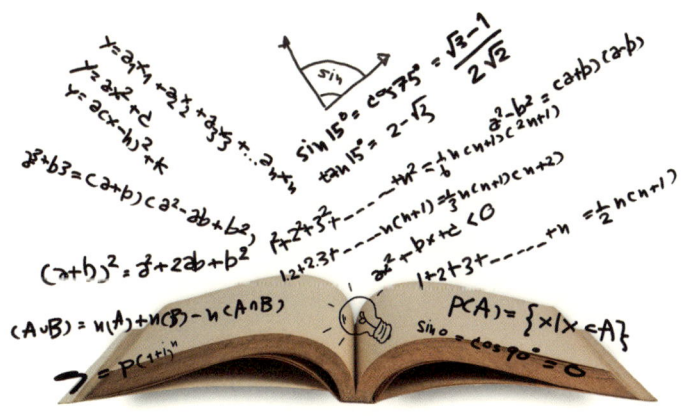

더 간단하고 경제적인 이론

오스트리아의 물리학자이자 과학 철학자였던 에른스트 마흐Ernst Mach, 1838~1916는 과학에서 받아들일 수 있는 것과 그렇지 않은 것을 골라내는 작업에 평생을 바친 사람이다. 마흐는 모든 이론에 대해서 비판적이거나 회의적이었다. 그는 실험적 가설을 가장 신뢰했고, 그 다음이 개념, 세 번째가 관찰, 마지막이 이론의 순이었다. 마흐는 실험적 사실에 비추어 이론을 바꾸는 것은 타당하지만, 역으로 사실을 이론에 끼워 맞추는 것은 잘못된 방법이라고 보았다.

▌ 에른스트 마흐

"만약에 한 가지 사실을 두 가지 이론이 모두 설명한다면, 어차피 두 이론 모두가 관습에 불과하기 때문에 마흐는 이 중에서 우리의 생각을 더 간단하고 '경제적'으로 만들어 주는 이론을 택하면 된다고 주장했다. 이것이 마흐가 주장했던 '생각의 경제성 원리'였다." (『과학으로 생각한다』)

105쪽)

경험과 관찰을 강조한 마흐의 철학은 논리 실증주의 과학 철학을 출범시키는 데 큰 역할을 했다.

그의 이름은 현재 비행기와 음속의 관계를 나타내는 단위인 마하 mach에도 남아 있다.

세상의 위대한 진리는 대부분 간략하게 설명이 되거나 간단한 공식으로 설명이 된다. "쉽게 설명할 수 없다면 당신은 그걸 잘 안다고 할 수 없다."고 했던 아인슈타인의 말은 정말 진리다.

REFERENCE

이상욱 · 홍성욱 · 장대익 · 이중원 지음, 『과학으로 생각한다』(동아시아, 2007)
빌 브라이슨 지음, 정경옥 옮김, 『발칙한 영어 산책』(살림, 2009)
에른스트 페터 피셔 지음, 박규호 옮김, 『슈뢰딩거의 고양이』(들녘, 2009)
제임스 왓슨 지음, 김명남 옮김, 『지루한 사람과 어울리지 마라』(이레, 2009)
스티븐 와인버그 지음, 이종필 옮김, 『최종 이론의 꿈』(사이언스북스, 2007)
데이비드 보더니스 지음, 김민희 옮김, 『E=mc²』(생각의나무, 2001)

Section 13

소통해야 생존한다

1 꿀벌의 소통

2 개미와 고래의 의사소통

자연에서 살아가고 있는 존재는 모두 소통하고 있다. 동물들은 물론이려니와 움직일 수 없는 식물들도 소통하려고 노력하고 있다. 여기서의 소통은 인간의 언어만 가지고 말하는 것이 아니다. 물론 인간의 언어는 복잡한 체계를 가지고 있다. 그 복잡성에 있어서 인간과 다른 동물의 의사소통 체계는 비교가 되지 않는다. 인간과 가장 비슷한 존재인 유인원도 언어 능력에 있어서는 인간과 큰 차이를 보인다.

그렇지만 동물의 세계에는 언어로 하는 것 외에 수많은 소통 수단이 있다. 인간의 의사소통에 있어서도 얼굴 표정이나 몸짓이 언어로 표현할 수 없는 미묘한 느낌을 전달하는 큰 역할을 한다. 식물은 꽃의 색깔과 모양 그리고 향기를 가지고 다른 동물과 소통한다.

3 식물의 의사소통

꿀벌의 소통

인간과 다른 동물과의 차이를 말할 때 가장 자주 언급되는 것이 언어 능력이다. 인간만이 언어를 가지고 있지는 않지만, 인간의 언어 능력은 다른 동물과 비교해서 훨씬 더 정교하다. 일반적으로 볼 때 고등 동물일수록 뇌의 용적이 크기에 언어 능력도 뛰어나리라고 생각하기 쉽다. 따라서 곤충에 불과한 꿀벌이 언어 능력을 갖추고 있다는 사실을 받아들이기란 쉽지 않다. 그래서 꿀벌이 자신의 의사를 동료들에게 충분히 전달하고 있다는 연구 결과가 놀랍다.

카를 폰 프리슈Karl Ritter von Frisch, 1886~1982는 꿀벌의 의사소통에 대해 연구한 동물행동학자다. 그는 정찰벌이 새로운 꽃밭을 찾았을 경우, 이를 동료들에게 전달하기 위해 '춤 언어'를 사용한다고 발표했다. 수집벌이 꽃이 피어 있는 나무를 발견하면, 우선 약간의 꿀을 수확하여 벌집으로 돌아간다. 꽃의 꿀을 벌집에 있는 일벌에게 넘겨준 후, 수집벌은 다시 먹이를 채취하기 위해 나무와 벌집을 오가는 행동을 반복하는데 이렇게 열 번 정도 왕복

하는 과정에서 가장 빠른 비행 노선을 찾아내면 벌은 벌집에서 춤을 추기 시작한다.

벌집에서 약 50~70미터 정도밖에 떨어지지 않은, 가까운 꽃밭을 발견했을 때 수집벌은 원무(round dance)를 춘다. 이때의 원무는 꽃밭에 관한 아무런 정보도 제공하지 않는다. 단지 꽃밭이 있다는 사실만을 나타낼 뿐이다. 그러나 꽃이 멀리 떨어져 있을 경우에는 보다 정확한 위치를 알려 주어야 하기 때문에 꿀벌은 8자 형태로 몸통을 흔드는 꼬리 춤(waggle dance)을 춘다. 꼬리 춤은 밀원密源, nectar source, 벌이 꿀을 빨아 오는 원천과 직접적이고도 밀접한 관련이 있어서 동료 벌들이 이 춤을 보면 밀원의 위치를 가늠할 수 있다.

춤을 활용하는 꿀벌들의 의사소통 체계는 신기하다. 이러한 사실을 발견하기 위해 카를 폰 프리슈는 엄청난 노력을 했을 것이다. 그의 연구 결과를 통해 우리는 벌의 습성에 대해 많은 것을 알게 되었고, 이 공로로 프리슈는 노벨 생리의학상을 받았다.

꿀벌은 곤충이다. 그러나 19세기의 양봉가 요하네스 메링Johannes Mehring, 1815~1878은 꿀벌을 척추동물이라고 말했다. 메링은 그 이유를 이렇게 설명하고 있다. "꿀벌 군락은 하나의 생물이다. 그것들은 척추동물이다. 일벌은 생명 유지와 소화를 담당하는 몸이고, 여왕벌은 여성의 생식기이며, 수벌은 남성의 생식기이다."(『경이로운 꿀

『벌의 세계』 110쪽) 다시 말해 꿀벌 개체는 단순한 곤충에 불과하지만, 꿀벌의 집단은 하나의 커다란 유기체처럼 기능한다는 의미다. 즉 전체는 부분의 합보다 크다는 말이다. 미국의 생물학자 윌리엄 모튼 휠러 William Morton Wheeler, 1865~1937는 이러한 형태의 생물체를 "초개체(superorganism)"라고 명명했다. 정교한 의사소통 체계와 벌집의 기하학적 완성도, 번식 시스템을 보면 벌에게 초개체라는 명칭은 아주 잘 어울린다.

생태계에서 꿀벌이 차지하는 위치를 한번 살펴보자. "세계의 모든 현화식물의 80퍼센트가 곤충에 의해서 수분이 이루어지는데, 이들 중 약 85퍼센트가 꿀벌의 도움을 받는다. 과일나무의 경우에는 약 90퍼센트의 꽃이 꿀벌의 손길을 필요로 한다. 그리하여 꿀벌이 수분을 돕는 현화식물은 약 17만 종에 이른다. (…) 지구를 화려하게 장식하는 꽃의 바다가 단 아홉 종의 꿀벌에 의해 지켜지고 있는 것이다. (…) 꿀벌과 식물의 극단적인 수적 불균형은 매우 놀랍다. 이는 곧 꿀벌의 생태가 경쟁자들이 따라올 수 없을 만큼 성공적이라는 사실을 입증한다. 동물계의 글로벌화이며 독과점인 것이다."(『경이로운 꿀벌의 세계』 66쪽) 이 글은 꿀벌이 생태계에서 엄청난 일을 하고 있음을 잘 말해 주고 있다.

최재천 교수는 "세계 식량의 3분의 1이 곤충의 꽃가루받이에 의해 생산된다."고 말한다. 쉽게 말해 꿀벌이 없어지면 식량의 3분의 1이 없어짐을 뜻한다. 알베르트 아인슈타인은 "꿀벌이 지구상에서 사라진다면, 인간은 그로부터 4년 정도밖에 생존할 수 없을 것이다. 꿀벌이 없으면 수분도 없고, 식물도 없고, 동물도 없고, 인간도 없다."고 말했다. 이정도로 꿀벌은 우리 지구 생태계에서 없어서는 안 될 존재다.

개미와 고래의 의사소통

　개미 또한 사회성 동물로 자신들의 사회를 유지하기 위해서는 소통이 필수적이다. 전쟁, 농업, 분업 제도 등은 개미의 세계에도 나타난다. 요컨대 개미의 사회도 인간과 마찬가지로 아주 복합적이다.

　개미의 의사소통은 냄새에 의존한다. 그들은 화학적 방법으로 이야기를 한다. 개미가 먹이를 발견하고 집으로 돌아가는 모양을 보면, 꽁지를 땅에 끌면서 간다. 개미의 꽁지 안에는 분비샘이 있어 이를 자신이 지나온 길에 뿌리는 것이다. 즉 페로몬을 뿌린다. 집으로 돌아오면 동료 개미들은 더듬이로 이 냄새를 맡으며 먹이가 있는 곳으로 몰려 간다.

　개미는 촉각을 사용하기도 한다. 개미 가운데 머리가 특이하게 생긴 개미가 있다. 보통 개미들은 머리가 동그랗고 도톰한데 머리가 편평하게 태어나는 개미가 있다. 이 개미의 역할은 개미굴 문을 막고 보초를 서는 것이다. 문이 좀 클 경우에는 두세 마리가 한꺼번에 동원되기도 한다. 이 개미가 개미굴 안에서 머리로 문을 막고 있으면 먹이를 찾아 밖으로 나갔다가 돌아온 동료 개미가 더듬이로 문지기 개미의 머리를 두드린다. 그러면 문지기 개미는 이 촉각 신호

를 통해서 그가 동료 개미인지 여부를 판단한다.(『최재천의 인간과 동물』 139~149쪽)

물속에서도 의사소통은 이루어진다. 고래의 의사소통에 대해서는 그동안 상당히 많은 연구가 행해졌다. 호주 퀸즈랜드 대학의 연구팀은 흑고래가 600가지 이상의 서로 다른 소리를 낼 수 있다고 밝혔다. 몇몇 신호는 오직 어린 동물을 위한 것이었고, 대부분의 신호는 파트너를 유혹하기 위한 것이었다.

수컷 흑고래는 교대로 노래를 부른다. 이 노래는 최장 10시간까지 이어지기도 하는데, 고래의 노래는 확실한 구조, 즉 시의 구와 절 그리고 가사로 이루어져 있다. 때문에 고래는 동물 세계에서 가장 복합적인 소리를 내는 것으로 알려져 있다.(『수족관 속의 아인슈타인』 96~98쪽)

식물의 의사소통

식물이 음악을 듣는다고 주장하는 사람들이 있다. 이들은 클래식 음악을 들려주면 식물이 더 잘 자라고 열매도 잘 맺는다고 말한다. 산림환경학을 전공한 차윤정 박사는 식물이 바흐의 오르간 음악을 좋아한다고 한다. 바흐 음악에서 저음의 묵직한 소리가 만들어 내는 진동을 식물들이 좋아한다는 것이다. 그러나 식물이 소리를 들을 수 있다는 것이 과학적으로 증명된 것은 아니다. 하지만 식물이 식물끼리 의사소통을 할 뿐만 아니라 다른 동물과도 의사소통을 한다는 사실은 과학적으로 충분히 증명되었다.

라이머콩(limabean)은 콩무당벌레가 들러붙어 이파리를 갉아먹으면, 이파리의 아랫부분에서 달콤한 넥타(식물이 분비하는 꿀이나 감미로운 음료)를 분비한다. 이 넥타의 냄새를 맡은 개미가 이를 먹으려고 달려온다. 넥타를 찾는 과정에서 콩무당벌레를 만난 개미는 공격을 한

◀ 라이머콩

다. 개미는 콩무당벌레를 사냥감으로 생각하는 게 아니라 경쟁자로 생각한다. 공격을 받은 콩무당벌레는 도망을 가게 마련이다. 즉 라이머콩은 자신이 생존하기 위해 개미를 동원한 것이다.

더 놀라운 점은 라이머콩이 콩나무벌레의 공격을 받을 때 향기도 발산한다는 사실이다. 이파리의 기공을 통해 구조 신호를 보내는 것이다.

냄새에 민감한 맵시벌은 이 향기를 쫓아 오고, 라이머콩의 이파리에 있는 애벌레에게 주사를 놓는다. 이 주사에는 바로 맵시벌의 알이 들어 있다. 맵시벌은 애벌레의 몸에 산란관을 찔러 넣고 알을 하나 낳는다. 이 알에서 맵시벌 유충이 나와 애벌레의 몸을 산 채로 뜯어 먹는다. 이러니 맵시벌은 라이머콩이 발산하는 향기에 빠질 수밖에 없고, 라이머콩은 자신을 보호하기 위해 향기라는 신호를 보내는 것이다. 아주 훌륭한 의사소통 방법이다.

맵시벌을 불러들인 향기는 다른 라이머콩에게도 전달된다. 이 향기를 맡은 이웃에 있는 라이머콩은 넥타를 분비한다. 곤충의 공격이 없음에도 미리 넥타를 분비하는 것이다. 이 넥타는 위에서 보았듯이 개미를 불러들인다. 개미는 넥타를 먹다가 딱정벌레가 다가오면 공격을 한다. 식물의 의사소통은 생존을 위해 아주 중요하다.

위르겐 타우츠 지음, 유영미 옮김, 『경이로운 꿀벌의 세계』(이치, 2009)
최재천 지음, 『최재천의 인간과 동물』(궁리, 2007)
클라우디아 루비 지음, 심혜원 옮김, 『수족관 속의 아인슈타인』(열대림, 2008)
차윤정 지음, 『식물은 왜 바흐를 좋아할까?』(지오북, 2009)
폴커 아르츠트, 이광일 옮김, 『식물은 똑똑하다』(들녘, 2013)

Section 14
균형을 유지하라

1 균형을 잃으면 생명도 멈춘다

2 매력적인 얼굴은 그저 평균적인 얼굴일 뿐이다

    자연계 동물들의 모습은 대개 좌우 대칭을 이루고 있다. 상하 대칭은 아니다. 아래위는 중력의 영향을 받기에 대칭일 수가 없기 때문이다.
    좌우 대칭이기 때문에 몸의 균형이 잡힌다고 볼 수 있다. 만약 이 균형이 깨진다면 새는 똑바로 날기 어렵고, 우리 인간도 가고자 하는 방향으로 제대로 갈 수 없으리라.

3 매력적인 몸매의 황금 비율

4 동물들의 대칭

5 대기 농도의 균형

6 호르몬의 균형

균형을 잃으면 생명도 멈춘다

 사람의 몸이 균형을 유지하도록 돕는 것은 귓속에 위치한 아주 작은 기관이다. 귓구멍을 따라 머릿속으로 들어가면 전정, 반고리관, 달팽이관을 만난다. 전정기관에는 털세포가 있어서 몸의 운동 방향을 감지한다. 반고리관은 세 개로 구성되어 있는데 하나는 수평에 가깝게, 두 개는 거의 수직으로 위치해 있다. 각각의 반고리관은 각자가 위치한 각도에서의 평면 회전 속도 변화에 가장 잘 반응하기 때문에 세 개의 반고리관은 머리의 회전 운동을 제각각 감지하고 분석해서 우리 몸이 균형을 유지하도록 돕는다. 우리가 머리를 움직이면 움직이는 방향이나 정도에 따라 한쪽 전정기관에서 많은 정보가 만들어지고 다른 쪽에서는 적은 정보가 만들어진다. 따라서 두 전정기관에서 들어오는 정보량의 차이를 뇌에서 인지하여 머리가 움직이는 방향과 정도 등을 인식한다.

반고리관은 약물의 영향을 받기 때문에 알코올에 취하면 몸이 회전하고 있다는 잘못된 신호를 만들어 낸다.(『인

간의 모든 감각』 220~221쪽) 그래서 술에 많이 취하면 몸의 균형을 잡기 어려워 비틀거리는 것이다.

우리 인간의 체온도 36.5도에서 균형을 맞추고 있다. 체온이 올라가면 몸에서 땀이 나와 증발하면서 열을 빼앗아 간다. 결과적으로 체온을 낮추어 그 균형을 맞춘다. 또 체온이 내려가면 몸을 떨어 체온을 올리게 한다. 이 균형이 깨지면 생명을 잃게 된다.

물은 우리 몸의 체온을 조절할 뿐만 아니라 생체 에너지를 만드는 데 중요한 역할을 한다.

우리 몸은 수백에서 수천 개의 효소들이 있어서 가히 생화학 공장이라 할 만하다. 이들 효소들이 생화학 반응을 통해 음식물로부터 생체 구성 성분과 생체 에너지를 끊임없이 만들어 낸다. 이때 물은 세포 공장의 용매이자 원료로 이용된다. 물이 없으면 생화학 공장의 대사 과정이 멈추고 생명은 끝난다. 그래서 우리는 몸의 수분 균형을 항상 일정하게 맞추어야 한다. 몸에 수분이 부족하면 우리는 목이 마르게 된다. 요컨대 갈증을 느끼는 것은 바로 우리 몸이 '균형을 맞추어 주세요'라고 외치는 것이다.

매력적인 얼굴은
그저 평균적인 얼굴일 뿐이다

1980년대 말, 텍사스 대학의 주디스 랭로이스Judith H. Langlois는 서른두 명의 남녀 얼굴을 촬영한 후 컴퓨터로 합성 사진을 만들었다. 그 결과, 여러 사람의 얼굴을 합성한 얼굴이 한 사람의 얼굴보다 더 예쁘게 보인다는 사실을 알게 되었다. 즉, 평균적인 얼굴일수록 더 예뻐 보인다는 것이다. 그렇다면 왜 이런 평균적인 얼굴이 더 예쁘게 느껴질까?

이유는 좌우 균형 혹은 대칭 때문이다. 이것이 바로 아름다움의 기본적인 속성이다. 얼굴을 계속 합성해 나가면 평균 얼굴이 도출되며 결국 좌우 대칭 얼굴이 만들어진다. 생물학적으로 균형이나 대칭이 중요하다고 말하는 이유는 얼굴과 몸의 균형이 잡혀 있을 경우 좋은 유전자를 지녔다는 것을 의미하기 때문이다. 세계적인 진화심리학자인 데이비드 버스는 『진화심리학』에서 여성들은 비대칭적인 얼굴을 가진 남자보다 대칭적인 얼굴을 가진 남자에게 더 성적 매력을 느낀다고 말한다. 또 대칭적인 얼굴을 가진 사람은 호흡기 질환도 잘 앓지 않는다고 한다. 이는 얼굴이 질병에 대한 저항력과도 관련이 있음을 뜻하는 것이다. 동물 세계에서도 몸에 균형이 잡혀 있는 개체들이

짝으로 선택된다는 것은 잘 알려진 사실이다.

그러나 토머스 앨리Thomas Alley와 마이클 커닝엄Michael Cunningham은 독특한 아름다움에는 평균보다 두드러지는 특징이 있다고 말한다. 이는 랭로이스의 평균 가설에 반대되는 내용이다. 소위 '섹시 스페이스'라는 얼굴형인데, 이는 가장 매력적인 네 명의 여자 얼굴과 남자 얼굴을 각각 합성한 얼굴로 랭로이스가 합성한 서른두 명의 평균인 얼굴보다도 더 매력적이었다.(『아름다움의 과학』 48~50쪽)

매력적인 몸매의 황금 비율

그리스인들은 아름다운 몸매를 판정하는 기준으로 조화와 균형을 중시했다. 그들은 극단으로 치우친 거의 모든 것을 경멸했는데, 몸에 대해서도 마찬가지였다. 아름다운 몸은 뚱뚱해서도 말라서도 안 되었다. 시대마다 이상적인 몸매의 스타일에는 약간씩 차이가 있었다. 그러나 변하지 않는 기준이 있었으니, 허리-엉덩이 비율(WHR, Waist Hip Ratio)이었다.

텍사스 대학의 데벤드라 싱Devendra Singh은 허리와 엉덩이의 비율이 0.7인 경우가 가장 아름다운 몸매라고 판단했다(히프를 1로 잡았을 때 허리가 0.7이라는 말이다). 사춘기 시절까지 소년과 소녀의 허리-엉덩이 비율은 0.9로 같다. 그러나 여성 호르몬이 분비되면서 여성의 몸매는 극적으로 변한다. 그러나 나이를 먹으면 남녀의 허리-엉덩이 비율은 다시 같아진다. 데벤드라 싱은 1920년대부터 1980년대까지 미스 아메리카 우승자들의 허리-엉덩이 비율을 측정했다. 그 결과, 그녀들의 허리-엉덩이 비율은 0.72에서 0.68 사이에 있었다. 〈플레이보이〉지 모델들의 비율은 0.71과 0.68 사이에 있었다.

이런 몸매를 가진 여성이 아름다워 보이는 이유는 번식 가능성과 관련이 있다. 데벤드라 싱은 여성의 허리-엉덩이 비율이 0.8 이상으로 높아지면 임신 가능성이 낮아진다고 말한다. 한 연구에서 실제로 남성들은 WHR이 0.7인 여성을 0.8인 여성보다 매력적이라고 느꼈으며, 마찬가지로 WHR이 0.8인 여성을 0.9인 여성보다 매력적이라고 판단했다. WHR이 비교적 낮다는 의미는 그 여성이 젊고 건강하고 임신하지 않았다는 사실을 나타내 주는 증거이며, 남성들은 번식에 대한 원초적 감각을 여성의 몸매를 통해 감지한 것이다.

그리고 데벤드라 싱은 여성 몸매의 비율이 체중과는 무관하다고 덧붙인다. 즉 체중이 많이 나가더라도 중요한 것은 허리-엉덩이 비율이라는 것이다(『아름다움의 과학』 105~106쪽).

맹인을 대상으로 한 연구 결과는 상당히 흥미롭다. 이들에게 WHR 사이즈가 각기 다른 마네킹을 만지게 하고 그 촉각만으로 체형을 평가하게 했다. 그 결과 이들 역시 WHR이 낮은 마네킹을 선택했다. 이 연구 결과는 WHR에 대한 평가는 시각적 입력이 없어도 발달할 수 있음을 보여 준다. 다시 말해 사람들은 선천적으로 WHR에 대한 평가를 가지고 태어난다는 말이다. 흔히 사람들은 허리가 가늘고 날씬한 몸매를 좋아하는 이유를 광고나 할리우드 영화 때문이라고 말하지만, 각종 연구 결과는 이러한 선호도가 환경적인 영향을 받지 않는다는 점을 보여 주고 있다.

동물들의 대칭

　좋은 유전자를 가진 개체들은 무엇보다도 깃털이나 무늬와 같은 장식과 그 밖의 다른 특징들이 정확하게 대칭을 이루고 있다. 외적인 면이 대칭적일수록 유전적 토대 역시 우수한 것이다.(『아름다움의 과학』 131쪽) "대부분의 생물들은 유전적인 진화 계획에서 절대적인 대칭을 목표로 하고 있다. 그러나 이러한 설계가 항상 계획한 대로 실현되는 것은 아니다. 왜냐하면 모든 유기체들은 발달 과정에서 독극물이나 질병 또는 그 밖의 다른 불리한 조건들에 노출되기 때문이다. 가장 좋은 유전자를 타고난 개체만이 이러한 스트레스에도 불구하고 예정된 대로 완전히 대칭적인 형태로 발전할 뿐이다. 따라서 대칭은 '진화의 안전성'을 그리고 이로써 또한 좋은 유전자를 가리킨다고 볼 수 있다."(『아름다움의 과학』 132쪽)

대기 농도의 균형

대기의 성분을 분석해 보면 질소 78퍼센트, 산소 21퍼센트 그리고 나머지는 미량의 다른 원소들로 구성되어 있다. 이것이 현재 대기의 균형 상태다. 그렇다면 지구의 대기가 항상 이런 비율을 유지했을까? 그렇지 않았다. 시간을 과거로 돌려 보자.

고생대 석탄기와 페름기 시기(약 3억 2,000만 년에서 2억 6,000만 년 전. 학자들마다 시기에 대해 약간의 차이를 보인다)의 대기는 지금과 아주 달랐다. 이 시기의 산소 농도가 지금보다 훨씬 더 높았다. 이 시기에 살았던 잠자리는 날개가 거의 1미터에 달했고, 몸통도 30센티미터나 될 정도로 거대했다. 이런 대형 잠자리는 화석으로 남아 있어 그 크기를 확인할 수 있다. 큰 곤충은 잠자리뿐만이 아니었다. 하루살이는 날개폭이 48센티미터였으며, 다리 길이가 46센티미터에 달하는 롱다리 거미도 있었다. 지네와 전갈도 몸길이가 1미터가 넘었다. 이렇게 큰 곤충이 존재할 수 있었던 요인은 바로 산소 농도 때문이었다.

날아다니는 곤충은 모든 동물 가운데에서도 가장 높은 대사율을 달성할 수 있다. 실험 증거에 따르면 산소 농도가 높을수록 잠자리는 더욱더 높은 대사율을 나타낸다고 한다. 요컨대 높은 수준의 산소 농도가 곤충의 대사 과정을 활발하게 만들어 녀석들의 크기를 키운다는 말이다. 현재의 수준과 같은 21퍼센트의 산소 농도는 잠자리의 대사를 제한하기 때문에 그 크기가 석탄기에 비해 작아진 것이다.

미국 애리조나 주립대학의 로버트 더들리Robert Dudley는 산소 농도를 높인 환경에서 초파리를 키웠다. 그는 산소 농도가 23퍼센트인 환경에서 초파리를 길렀을 때 세대를 거듭할수록 초파리의 크기가 커진다는 점을 발견했다. 확실한 결론은, 곤충의 경우 산소 농도가 높아지면 매우 빠르게 몸집이 커진다는 사실이다.

대기 구성 요소의 변화는 지구에 사는 많은 생물에 직접적인 영향을 끼친다. 앞에서 본 바와 같이 고농도의 산소는 곤충의 크기를 키웠다. 대기 농도 구성 요소의 변화는 생명체에게 큰 영향을 미친다. 당연히 생존과도 관계가 있다. 남아메리카 안데스 고지대는 산소 농도가 낮다. 유럽의 백인 여성이 이런 곳에서 살면 임신을 할 수 없다고 한다.

호르몬의 균형

사춘기가 되면 아이들의 키가 부쩍 자란다. 이는 성장 호르몬이 나오기 때문이다. 뇌의 아래쪽에 위치한 뇌하수체에서 분비되는 성장 호르몬은 뼈의 길이를 자라게 만든다. 성장 시기 이후에도 성장 호르몬은 새 뼈를 만드는 것을 돕거나 전체적으로 닳아 없어진 조직의 성장을 돕는다. 그리고 중년 이후에도 성장 호르몬은 젊음을 유지하고 노화를 방지하는 역할을 한다. 그러나 사춘기에 성장 호르몬이 나오지 않으면 키가 자랄 수가 없다. 그래서 인공으로 만든 성장 호르몬으로 성장을 돕기도 하지만 부작용을 염려하기도 한다. 그러나 아직 인공 성장 호르몬의 부작용에 대해서는 과학적으로 밝혀지지 않았다.

남성을 남성답게 만드는 것은 테스토스테론 testosterone 이라는 이름의 남성 호르몬이다. 이 호르몬은 사춘기 때부터 고환에서 생산된다.

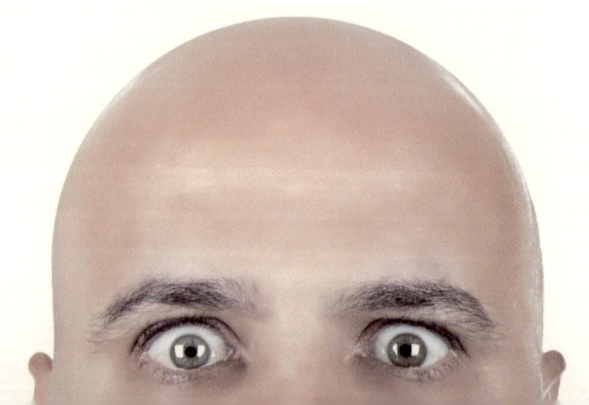

남성들은 이 시기부터 수염이 자라고 어깨도 넓어지며 음경도 커지고 정자를 생산하기 시작한다. 그런데 남성 호르몬이 과다하게 분비되면 어떻게 될까? 다시 말해 균형이 맞지 않는다면 어떤 현상이 나타날까? 일단 이른 나이에 머리가 벗겨지기 시작한다. 대머리가 된다는 말이다. 더 큰 문제는 테스토스테론이 자가 면역 시스템을 파괴한다는 점이다. 즉 질병에 약해진다는 것이다. 그래서 남자가 여성보다 수명이 짧은 이유 가운데 하나로 테스토스테론을 들기도 한다.

최현석 지음, 『인간의 모든 감각』(서해문집, 2009)
울리히 렌츠 지음, 박승재 옮김, 『아름다움의 과학』(프로네시스, 2008)
데이비드 버스 지음, 이충호 옮김, 『진화심리학』(웅진지식하우스, 2012)
피터 워드 지음, 김미선 옮김, 『진화의 키, 산소 농도』(뿌리와이파리, 2012)
데이비드 보더니스 지음, 이석인 옮김, 『The Body Book』(생각의나무, 2009)

Section 15

우리는 모두 친척이고 친구다

1 분자 차원에서 생명 보기

2 해부학 차원에서 생명 보기

150년 전 찰스 다윈은 자신의 책 『종의 기원』에서 '모든 생물은 단 하나의 공통된 선조를 가지고 있어서 서로 연관되어 있다'고 말했다. 멘델은 어떻게 그런 일이 가능했는지에 대한 유전적인 메커니즘을 밝혀냈다.(『거의 모든 것의 역사』 412쪽) 리처드 도킨스는 『이기적 유전자』에서 우리 인간의 몸은 유전자를 전달하기 위한 운반체에 불과하다고 말했다. 이는 인간은 기껏해야 100년을 살고 죽지만, 유전자는 살아서 대를 이어 전달됨을 뜻한다. 다시 말해 40억 년 전 생명이 탄생했을 때부터 이 유전자가 모든 동식물에게 전해졌다는 의미다. 그래서 도킨스는 이 유전자라는 단어 앞에 '불멸'이라는 수식어를 붙였다.

3 제노그래픽 프로젝트를 통해 호모 사피엔스를 바라보다

분자 차원에서 생명 보기

2001년 발표된 '휴먼 게놈 프로젝트'의 결과에 의하면 인간의 유전자 수는 25,000여 개에 불과했다(프로젝트를 시작할 당시에는 인간의 유전자 수가 10만여 개에 달할 것으로 생각했다). 이 유전자 가운데 60퍼센트 이상이 근본적으로 초파리에서 발견되는 것과 동일하다. 그리고 인간 유전자의 90퍼센트는 쥐에서 발견되는 유전자와 상관관계를 가지고 있다. 요컨대 생명은 단 한 장의 청사진으로부터 시작되었다는 말이다. 인간의 DNA를 초파리 세포에 넣어 주면 초파리는 그것을 마치 자신의 유전자인 것처럼 받아들인다.

계속된 연구를 통해서 신체 일부의 발달을 관리하는 호메오 유전자 또는 혹스 유전자라고 부르는 주조절 유전자 집단이 있다는 사실이 밝혀졌다. 혹스 유전자가 발견됨으로써 하나의 수정란에서 분화되어서 동일한 DNA를 가지고 있는 수십억 개의 배아 세포들이 어떻게 간세포, 뉴런, 혈액 세포 또는 심장 판막의 일부 등 자신이 맡은 역할을 알아내는가를 알게 되었다. 그런 지시를 내리는 것이 바로 혹스 유전자들이고, 모든 생명체에서 거의 똑같은 방법으로 그런 일을 수행한다.(『거의 모든 것의 역사』 432~433쪽) 즉 유전자 차원에서 보면 모

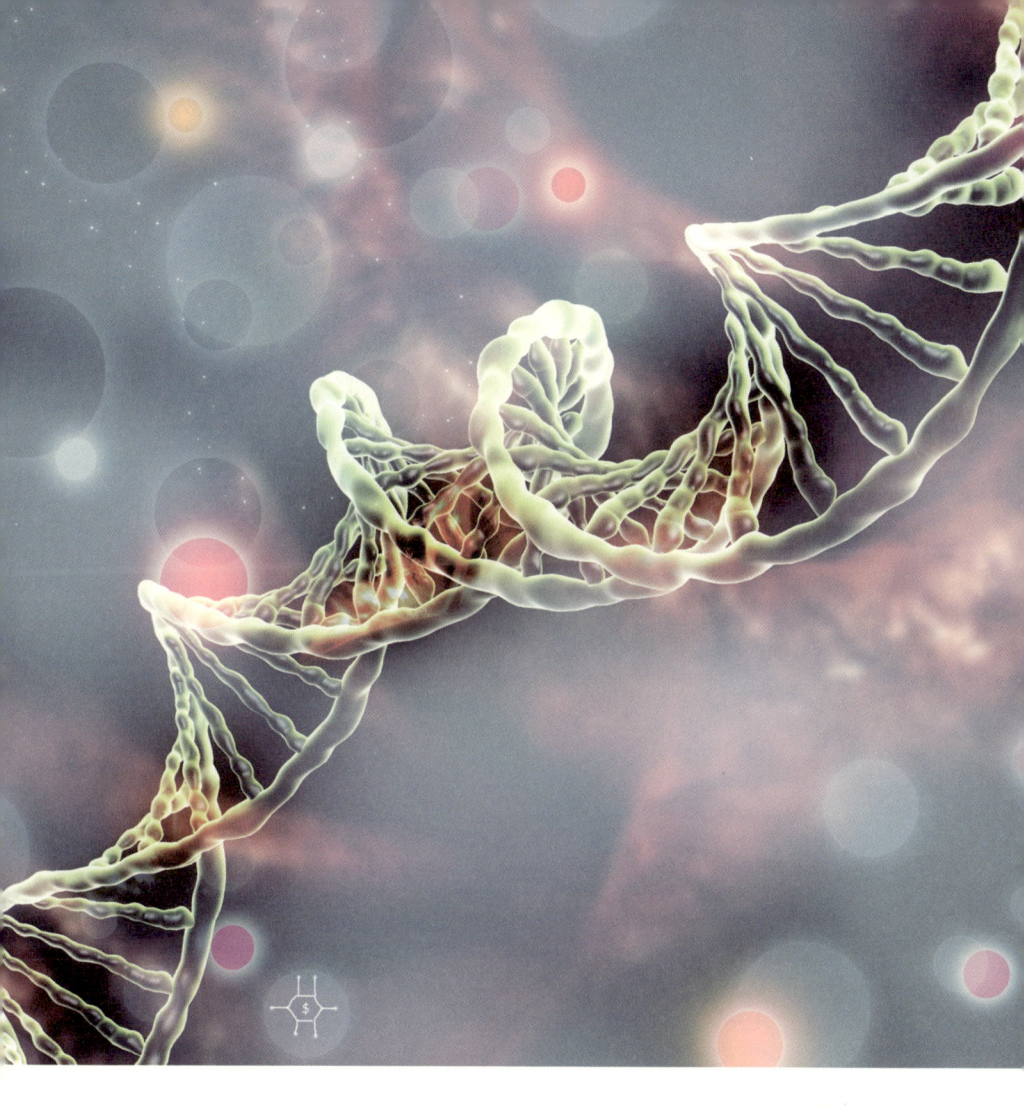

든 생명은 아주 닮아 있다. 요컨대 모든 생명체는 아주 가까운 친척이고 친구인 셈이다.

해부학 차원에서 생명 보기
내 안의 물고기

2009년은 찰스 다윈이 탄생한 지 200주년이 되는 해다. 그의 생일인 2월 12일을 맞아 내셔널지오그래픽 뉴스는 주요 과학자들을 대상으로 설문을 진행해 진화론을 입증할 가장 중요한 화석 7개를 선정했다. 그중 1위를 차지한 화석이 틱타알릭Tiktaalik 화석이었다.

2004년, 북위 80도에 위치한 캐나다의 엘스미어 섬에서 물고기 화석이 발견되었다. 이 화석은 2006년에 틱타알릭으로 명명되는데, 틱타알릭이란 단어는 캐나다 엘스미어 섬에 사는 이누이트 언어로 '커다란 민물고기'란 뜻을 가지고 있다. 그런데 이 화석에  어떤 중요한 단서가 숨어 있었기에 그동안 지구상에서 발견된 수많은 화석 가운에 과학자들은 틱타알릭을 진화론을 증명하는 화석의 1위로 선정했을까?

미국 시카고 대학의 닐 슈빈 Neil Shubin, 1960~이 지은 『내 안의 물고기』를 보면 틱타알릭에 대해 이렇게 설명하고 있다.

"틱타알릭은 데본기에 살았던 육기어류다. 육기어류는 살덩어리 같은 지느러미가 있는 물고기로, 물에서 사는 어류와 물에 적응한 사지동물 사이의 전이 동물로 여겨진다. 틱타알릭은 언뜻 보기에도 정말 물고기와 사지동물의 중간 단계다. 아가미와 비늘이 있는 점은 물고기답지만, 목과 원시 형태의 팔이 있는 점은 사지동물답다."(『내 안의 물고기』 9쪽)

위의 설명 중에 가장 중요한 부분은 바로 '틱타알릭은 물고기와 사지동물의 중간 단계'라는 내용이다. 현재 육지에서 살고 있는 동물은 원래 물에서 살았는데, 이후에 뭍으로 올라왔다. 화석 연구를 통해 드러난 증거에 의하면 어류로 보이는 유스테놉테론은 3억 8,000만 년 전에 살았고, 양서류로 보이는 아칸토스테가는 3억 6,500만 년 전에 살았다. 이 두 시대 사이의 중간 단계 화석이 발견된다면 진화의 진행 방향이 자연스럽게 이어질 터인데, 예전에는 그런 화석이 발견된 바가 없었다. 이런 상황에서 그 중간 단계인 3억 7,500만 년 전에 살았던 틱타알릭 화석이 발견되었다. 그토록 찾아 헤매던 '잃어버린 고리(missing link)'였다.

"어류와 육상 동물은 여러 면에서 서로 다르다. 물고기의 머리는 원통형이지만 초기 육상동물의 머리는 악어와 비슷해서 납작하고, 눈이 위에 붙어 있다. (…) 틱타알릭은 물고기처럼 등에 비늘이 있고 물갈퀴가 달린 지느러미가 있다. 하지만 초기 육상 동물처럼 머리가 납작하고 목을 지녔다. 또한 갈퀴막이 달린 지느러미 안을 들여다보면 위팔과 아래팔이 있고, 심지어 손목에 해당하는 뼈와 관절도 가지고 있다."(『내 안의 물고기』 45쪽)

틱타알릭은 물고기의 특성과 육상 동물의 특성을 함께 가지고 있었다. 틱타알릭 이전의 모든 물고기들은 두개골과 어깨가 일련의 뼈들로 연결되어 있어서 몸통을 돌리면 반드시 목도 함께 돌아갔다. 그러나 틱타알릭은 머리가 어깨와 떨어져 있어서 목을 자유롭게 움직일 수 있었다. 이러한 목의 구조는 양서류, 파충류, 조류, 포유류 그리고 우리 인간이 공유하는 특징이다. 다시 말해 해부학적으로 살펴보았을 때 틱타알릭의 목 구조는 우리 인간의 몸으로 연결된다. 요컨대 우리 몸 안에 물고기의 모습이 그대로 살아 있다는 의미다.

틱타알릭은 어깨, 팔꿈치, 손목이 있었다. 이는 사람의 위팔, 팔뚝, 손목과 동일한 뼈들로 이루어져 있었다. 뼈의 기능을 살펴보기 위해 관절 구조를 점검한 결과 틱타알릭이 '팔굽혀 펴기'를 할 수 있었다는 사실을 알게 되었다. 틱타알릭은 물에서 살면서 왜 육지 동물의 몸을 가지게 되었을까?

이에 대한 대답을 얻기 위해서는 틱타알릭이 살았던 데본기의 환경을 알아야만 한다.

데본기의 물고기들은 거의 모두가 포식 동물이었다. 이 시기의 어떤 물고기들은 길이가 4.9미터에 달할 정도로 엄청나게 컸다. 틱타알릭은 생존을 위해서 모종의 방법을 취할 수밖에 없었다. 즉 틱타알릭은 살아남기 위해 물 밖으로 나가는 길을 선택했던 것이다. 닐 슈빈은 틱타알릭 발견의 의미를 "인류와 다른 생명체들 사이에 존재하는 뿌리 깊은 연결 고리를 드러냈다."(『내 안의 물고기』 77쪽)고 해석하고 있다.

인간과 다른 동물들과의 관련성은 해부학적인 증거에서뿐만 아니라 유전자 차원에서도 증명된다. 사람의 후각과 관련된 내용을 『내 안의 물고기』에서 살펴보자. "사람의 후각 능력에는 한때 어류, 양서류, 포유류였던 인간 역사가 고스란히 담겨 있다. 이 사실이 밝혀진 것은 1991년 린다 벅Linda B. Buck, 1947~과 리처드 액설Richard Axel, 1946~이 후각에 관여하는 유전자를 대량 발견하면서부터였다."고 닐 슈빈은 말한다. 후각에 인간의 역사가 담겨 있다는 말은 '후각 유전자'에 생명 역사의 주요한 국면이 모두 들어가 있다는 뜻이다. 후각 유전자에는 물속에서 냄새를 맡을 수 있는 유전자와 공기 중의 냄새를 잡아내는 유전자 두 종류가 있다. 따라서 어류의 코 신경세포에는 물에서 작용하는 수용체들이, 포유류와 파충류에게는 공기에서 작용하는 수용체들이 분포해 있다.

칠성장어나 먹장어와 같은 무악어류는 고등 어류나 포유류와 달리 '공기' 유전자도 '물' 유전자도 갖고 있지 않다. 대신에 두 종류를 혼합한 형태의 수용체를 가지고 있다. 따라서 이런 어류는 후각 유전자가 두 종류로 갈라지기 전에 등장한 생물인 셈이다.

무악어류는 후각 유전자 수가 몇 되지 않는다. 후각 유전자 수는 진화를 거치면서 늘어난다. 포유류의 후각 유전자 개수는 1,000개 남짓이다. 그렇다면 후각 유전자들은 어디에서 왔는지가 의문이다. 유전자 구조에 그 대답이 들어 있다.

포유류와 무악어류의 후각 유전자를 비교해 보면, '추가'로 늘어난 유전자들은 모두 하나의 형태가 변형된 것임을 알 수 있다. 닐 슈빈은 이렇게 표현하고 있다. "무악어류의 유전자에 조금씩 변형이 가해지면서 복사된 형태들이었다. 이는 원시 종에 있던 소수의 유전자들이 여러 차례 복제됨으로써 포유류가 무수한 후각 유전자를 거느리게 되었다는 뜻이다."(『내 안의 물고기』 223쪽) 사람은 후각 유전자가 1,000개가량 있다. 인간과 유인원은 후각 유전자 수에서 큰 차이가 없다. 그러나 포유류, 파충류, 양서류나 어류로 갈수록 유전자 수의 차이는 커진다. 요컨대 후각 유전자는 우리의 과거를 말없이 증언하는 목격자다. 우리 코에는 진정한 생명의 계통수(진화에 의한 생물의 유연관계를 나무에 비유하여 나타낸 그림)가 숨어 있는 셈이다.

우리 몸은 해부학적으로 보았을 때나 유전자 차원에서 살펴보았을 때 과거에 지구에 존재했던 생물들과 많이 닮아 있다. 결론을 내리자면 모든 생물은 공통 조상에서 유래했다는 말이다. 틱타알릭은 팔이 있고, 손목에 해당하는 뼈와 관절도 가지고 있다. 따라서 팔굽혀 펴기를 할 수 있었다. 당신의 몸을 보라. 당신의 골격에도 그리고 유전자에도 물고기가 있다.

제노그래픽 프로젝트를 통해 호모 사피엔스를 바라보다

제노그래픽Genographic은 유전자(gene)와 지리학(geographic)을 합성한 단어다. 제노그래픽 프로젝트는 유전자 연구를 통해서 호모 사피엔스가 언제 탄생했고 어떤 과정을 거쳐 전 세계로 퍼져 나갔는가에 대한 해답을 찾기 위한 프로젝트다. 한 종種으로서의 우리 인간이 공유하고 있는 과거에 대한 흥미롭고 새로운 사실들을 발견하는 것이 이 프로젝트의 핵심이다.

18세기 스웨덴의 식물학자인 카를 폰 린네Carl von Linne, 1707~1778

▎카를 폰 린네

는 세계의 모든 종에 대한 분류법을 고안했다. 이 분류법의 명칭은 이명법二名法, binominal nomenclature으로, 생물의 학명을 속屬과 종種으로 표기하는 체계다. 그는 이명법에 따라 인간에게 호모(속) 사피엔스(종)라는 이름을 붙였다. 또한 린네는 호모 사피엔스의 외적인 면모를 기준으로 아페르(아프리카인), 아메리카누스(아메리카인), 아시아티쿠스(아시아인), 에우로파이우스(유럽인)로 구분하고 몬스트로수스라는 아종을 정했다.

예전에는 인간의 겉모습을 통해서 호모 사피엔스를 연구하려고 했다. 형태학(morphology)이라는 방법이었다. 그러나 이런 연구 방법은 20세기 중반에 DNA 구조가 발견되면서 전환점을 갖게 된다. 즉 유전자를 통해서 우리 인간의 기원에 접근할 수 있는 새로운 길이 열린 것이다.

"분자생물학의 진보는 유전적 성질의 핵심, 즉 분자 DNA의 해독을 가능하게 만들었고 우리가 왜 현재와 같은 모습을 이루게 되었는가 하는 메커니즘의 연구도 가능하게 만들고 있었다. 게다가 DNA는 간단한 암호로 적힌 우리 선조들의 이야기를 담고 있다."(『인류의 조상을 찾아서』 25쪽)

그러나 인간의 유전자는 쉽게 그 안에 담긴 비밀을 내놓지 않았다. 과학자들의 끈질긴 노력 덕분에 1980년대에 이르러서야 DNA 염기서열 분석 기술을 앞세워 미토콘드리아 DNA를 연구하면서 인간 최초의 여자인 이브를 찾아내기에 이른다. 그리하여 그녀의 이름은 '미토콘드리아 이브'가 되었다.

그러나 이 시대에도 이브의 짝인 아담을 밝혀내지는 못했다. 아직까지 'Y염색체'를 분석해 낼 만큼 기술이 발전하지 않았기 때문이다. 그러나 인간의 과학은 사람에 따라 Y염색체의 수백 곳에서 차이가 난다는 사실을 발견했다.

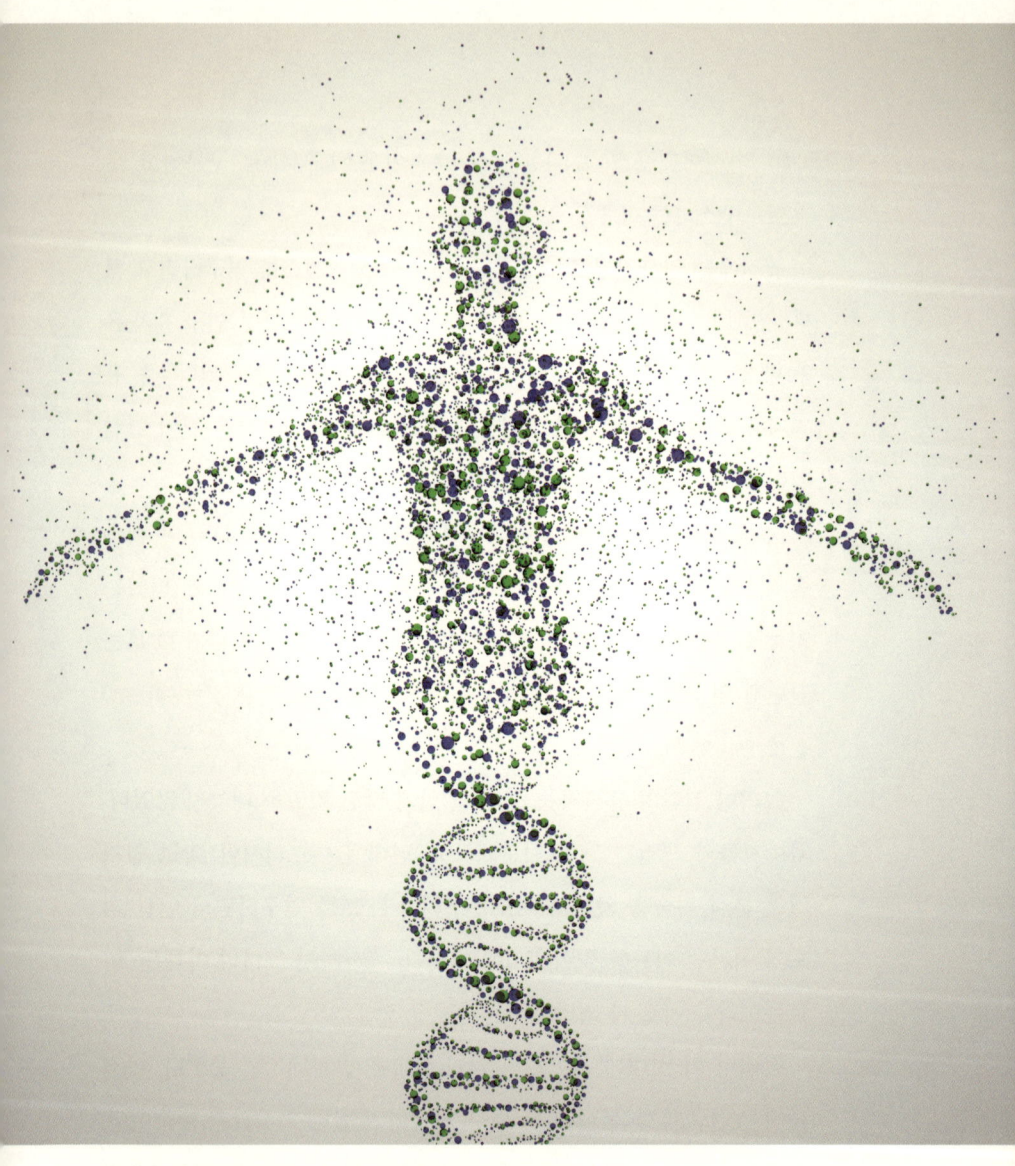

◤ 과학자들은 5대륙 200여 명 여성의 태반에서 얻은 미토콘드리아 DNA를 분석한 결과, 이들 모두가 17만 년 전 아프리카에 살고 있었던 것으로 추정되는 한 여성으로부터 유래했음을 알게 되었다. 이로써 현생 인류의 아프리카 기원설이 정립되었다.

이 'Y염색체'는 인간의 기원을 밝히는 데 아주 중요한 의미를 가지고 있었다. Y염색체를 제외한 모든 염색체는 어머니와 아버지로부터 받은 염색체가 재조합되는 과정을 거친다. 이러한 다양한 재조합을 통하여 인간이 진화의 길을 걸어오긴 했지만, 재조합 과정을 많이 거쳤다는 것은 그만큼 그 안에 담겨 있는 의미를 밝히는 데 어려움을 겪을 수밖에 없다는 사실을 말한다. 그러나 Y염색체는 뒤섞임이나 재조합 없이 대대로 남성에게만 전해진다. 다시 말해서 Y염색체는 재조합되지 않은 순수한 모습을 지니고 있다는 뜻이다. 그래서 Y염색체가 유전학자들에게 중요한 것이다.

지구 각 지역에 사는 남자들의 Y염색체를 수집해서 연구하면 Y염색체의 특정한 부분에 유전표지(여러 가지 생물을 식별하는 데 있어서 기준이 되는 각각의 유전자적 특징)가 같은 그룹이 나타난다. 이들을 '하플로그룹Haplo group'이라고 부르는데 이들은 공통 조상을 두고 있다. 그래서 이를 통해서 그 공통 조상이 언제 어느 곳에 존재했는지를 파악할 수 있다.

그렇다고 해서 유전자만을 가지고 인류가 지나온 지구상에서의 모든 여정을 파헤칠 수는 없다. 고고학, 기후학, 언어학 등 다른 분야의 자료가 더해짐으로써 우리는 과거 우리 선조의 모습을 더욱 잘 이해할 수 있게 된다. 이를테면 유전자 증거는 '누가', '어디에서', '언제'라는 물음에는 대답할 수 있지만 '왜'와 '어떻게'라는 물음에는 대답할 수 없는데, 이는 고고학에 의존할 수밖에 없다.

   이런 과학적인 증거를 종합해 보면 우리 호모 사피엔스는 아프리카에서 탄생했다는 결론을 얻게 된다. '미토콘드리아 이브'는 17만 년 전에 아프리카에서 살았고, 아담은 6만 년 전에 아프리카에 살던 사람이라고 한다. 그런데 아담과 이브의 탄생 시기가 이렇게 다른 이유는 무엇일까?

   이는 지구상의 모든 남자와 여자를 대상으로 유전자를 조사하지 않았기 때문이다. 조사 대상이 한정되어 있었기에, 여자 대상자에게서는 이들이 17만 년 전 아프리카에 살고 있었던 것으로 추정되는 한 여성으로부터 유래했음을 알 수 있었지만, Y염색체는 6만 년 전으로 나타난 것일 뿐이다.

   나의 Y염색체는 어떤 하플로 그룹에 속해 있는지 궁금하다. 나의 조상은 아프리카에서 언제 출발했으며, 언제 한반도에 도착했는지, 또 그들의 그 먼 여정에서의 삶이 어떠했는지 궁금하다. 제노그래픽 프로젝트가 더욱 발전한다면 아마 나의 의문이 풀릴 수 있을지도 모른다.

지금 지구상에 살고 있는 호모 사피엔스의 조상들은 동부 아프리카 지역에서 살던 사람들이다. 백인종이건 흑인종이건 황인종이건 상관없이 우리 모두는 아주 가까운 친척이다.

리처드 도킨스 지음, 홍영남 옮김, 『이기적 유전자』(을유문화사, 2002)
빌 브라이슨 지음, 이덕환 옮김, 『거의 모든 것의 역사』(까치, 2003)
닐 슈빈 지음, 김명남 옮김, 『내 안의 물고기』(김영사, 2009)
스펜서 웰스 지음, 채은진 옮김, 『인류의 조상을 찾아서』(말글빛냄, 2007)

Section 16

웃어라! 웃음이 당신을 성공으로 이끌 것이다

우리는 웃기 위해 태어났다.
_쥘 르나르(Jules Renard, 1864~1910, 프랑스 소설가)

1 웃음이란 무엇인가

2 웃음의 기원

3 웃음의 기능

"웃음은 시공을 초월해 상대방에게 가장 신뢰를 주는 행동이다."라는 말은 아주 정확한 표현이다. 아이들은 하루에 보통 사백 번을 웃는다고 알려져 있다. 어른은 하루에 몇 번이나 웃을까? 열다섯 번 정도 웃는다고 한다.

4 미소

5 남자와 여자는 웃음의 동기가 다르다

6 웃기는 남자가 성공한다

웃음이란 무엇인가

웃음에 대한 정의를 내리는 작업은 미학적 차원에서 시작되었다.

고대 그리스 시대 아리스토텔레스와 플라톤 때부터 웃음에 대한 기록을 남겼다. 아리스토텔레스는 "인간은 웃을 수 있는 동물이다."라고 표현했고, 그 시대에 웃음은 인간의 전유물로 받아들여졌다. 플라톤은 웃음을 부정적인 측면에서 바라보았다.

웃음에 대한 동기에 대해서도 많은 논의가 있었다. 기쁨, 행복감, 오만 방자함, 즐거움, 자기만족, 조롱, 모멸감, 경멸, 다른 사람의 불행을 보고 기뻐하는 마음, 비꼼, 반항심, 속임수, 교활함, 비열함, 눈물을 흘리면서 웃는 웃음 등이 있으며, 웃음은 자연적인 웃음일 수도 있고 인위적인 웃음일 수도 있으며, 순수한 마음에서 우러나온 웃음이거나 거짓된 마음에서 나온 웃음일 수도 있다. 사람은 기뻐서도 웃고, 정중함을 표현하기 위해서도 웃고, 당혹감이나 절망감을 느낄 때도 웃는다. 이 외에도 웃음을 유발하는 원인들은 많다. 근본적으로 보아 웃음과 미소의 문법은 매우 복잡하며 무엇보다 언어와 상호 관련이 있다고 주장되기도 했다.(『웃음의 미학』 20~21쪽)

서양의 중세는 기독교적 세계관이 지배하던 시기였다. 성경에 수록된 내용이 그대로 실생활로 이어졌다. 그렇다면 성경에 수록된 웃음에 대한 내용을 보면 그 시절 사람들이 웃음에 대해 어떻게 생각했는지를 유추할 수 있다.

구약 성경에서 나타나는 하나님의 웃음은 의기양양하고 경멸적이고 조롱이 섞인 웃음이다. 예수는 한 번도 웃지 않았고 미소도 짓지 않는다. 웃는 사람들은 바보들이거나, 현명하지 못한 자들, 즉 비신앙인들, 이교도들이다. 웃음이 긍정적으로 평가된 곳은 구약 성경에서든 신약 성경에서든지 단 한 곳도 없다.(『웃음의 미학』103쪽)

중세의 유럽에서 웃음은 사라졌다. 움베르토 에코Umberto Eco, 1932~의 소설『장미의 이름』을 보면, 희극과 웃음을 긍정적으로 서술한 아리스토텔레스의 『시학』 제2권을 탐독한 수도사들이 차례차례 살해된다. 살인자는 웃음을 신에 대한 불경으로 간주한 수도사였다. 에코는 중세에 있어서 웃음의 의미를 현대를 사는 우리들에게 알려주고 있다.

르네상스 시대부터는 그리스 시대의 웃음 논의가 다시 시작된다. 웃음에 대해서 각종 이론이 마치 봇물이 터진 듯 나타난다. 그동안 본능을 억눌렀던 금기가 사라지자, 이에 대한 욕구가 더 커진 것이리라.

토머스 홉스Thomas Hobbes, 1588~1697]는 웃음을 유발하는 동기는 항상 새로워야 하며 예기치 않은 것이어야만 한다는 주장을 펼쳤다. 그리고 그 웃음은 다른 사람들의 결함이나 우리가 지녔던 이전의 결함과 비교하여 우리 자신 내에서 느껴지는 어떤 우월함에 대한 갑작스런 착상에 의해서 일어난다고 보았다. 그렇기에 홉스의 이론을 '웃음의 우월이론'이라고 부른다.

　웃음은 횡격막의 짧고 단속적斷續的인 경련적 수축을 수반하는 깊은 흡기吸氣로부터 생긴다. 배를 움켜잡고 웃을 때 몸이 흔들리므로 머리는 앞뒤로 끄덕여지고, 아래턱이 상하로 흔들리며 입이 크게 벌어진다. 싱글벙글 웃는 것은 만족감을 나타내고, 능글능글 웃는 것은 비밀을 감추고 있는 것이며, 히죽히죽 웃는 것은 악의를 나타내는 것이다. 또한 깔깔 웃는 것은 기품이 없음을 나타내고, 큰소리로 웃는 것은 대범함을 나타낸다. 일반적으로 유아幼兒나 어린이의 웃음은 신체적·감정적이다. 즉, 간지러울 때나 배설물이 나올 경우에 흔히 볼 수 있으며, 표현은 복잡하다. 아동기 이후는 정신적·사회적인 웃음이 많아지며 표현은 미소로 변한다. 청년기 이후가 되면 유머가 발달한다. 유머는 자기를 객관시하고, 웃음의 자료를 제공하려는 마음에서 생겨난다.(《두산백과사전》 '웃음')

웃음의 기원

웃음은 언제 어떻게 시작되었을까? "태어난 지 5주일쯤 지나면 아기는 방긋 미소를 짓기 시작한다. 소리 내어 웃거나 가볍게 역정을 내는 반응은 서너 달이 지난 뒤에야 나타난다."(『털 없는 원숭이』 141쪽)고 데즈먼드 모리스Desmond Morris, 1928~는 말한다. 아기들이 웃음이나 미소를 엄마에게서 배우는 것이 아니라 선천적으로 타고난다는 의미다. 웃음이 선천적이라는 증거는 태어날 때부터 들을 수 없거나 볼 수 없는 아이들도 간지럼을 태우면 웃음소리를 내고 미소를 짓는 데서 확인할 수 있다.(『노래하는 네안데르탈인』 123쪽)

그렇다면 인간만이 웃음을 누리고 있는지 의문이 든다. 프랑스의 의학자이자 작가였던 프랑수와 라블레François Rabelais, 1483?~1553는 "웃음은 인간의 고유한 특성이다."(『웃음의 미학』 20쪽)라고 말했다. 그러나 동물에 대한 연구 결과가 축적되면서 인간 이외의 동물도 웃을 수 있다는 데에 많은 학자들이 동의하고 있다. 찰스 다윈은 「인간과 동물에 있어

서 감정 표현」에서 원숭이나 침팬지와 같은 고등 포유동물 중에서 몇 가지 좋은 간지럼을 느낄 때 킥킥거리거나 인간의 웃음과 유사한 웃음소리를 내고, 입 언저리를 뒤로 당기며 이마에 약간 주름이 생기는 표정, 즉 인간이 웃을 때의 표정을 짓는다고 보고 있다.(『웃음의 미학』, 21쪽) 그러나 유머는 인간만이 가지고 있는 독특한 특징이라고 미국의 작가 다이앤 애커먼Diane Ackerman, 1948~은 말한다. 영국의 인지고고학자 스티븐 미슨Steven Mithen은 네안데르탈인조차도 유머 감각이 없었을 것이라고 결론을 내렸다. 네안데르탈인의 뇌가 서로 다른 영역의 여러 요소들을 한데 모을 수 없었기에 유머를 느낄 수 없었다는 것이다. 인지적 조화가 이루어지기 전이었으므로 그들은 어처구니없는 상황을 전혀 이해하지 못했으리라고 추측한다. 진화 과정에서 웃음이 생겨난 것은 친밀함, 애정, 신뢰, 서로 비밀스레 무언가를 공유하고 있는 은밀함을 강화하기 위해서인지도 모른다(『뇌의 문화지도』 330쪽).

다이앤 애커먼은 웃음을 오래전 변연계(뇌에서 감정 기능을 담당하고 있는 부위)에 의해 만들어진 도구로 보고 있다.(『뇌의 문화지도』 333쪽) 요컨대 그녀는 인간이 포유동물들과 웃음을 공유하고 있다고 보는 것이다. 그렇지만 인간의 웃음에는 대뇌피질의 활동도 함께하는 것으로 보인다. 한 여성 간질 환자에게 실시한 실험에서, 피질의 특정 부위에 약한 전기 자극을 가함으로써 웃음을 유발할 수 있었다. 전기 자극 강도를 높이자 더욱 격렬하게 웃었다.(『노래하는 네안데르탈인』 123

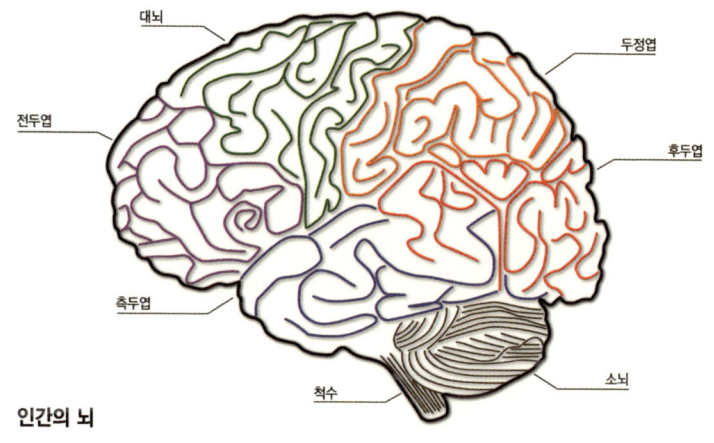

인간의 뇌

쪽) 2000년 11월 28일 미국 로체스터 대학병원 신경방사선과의 연구팀은 오른쪽 눈 위 돌출 부위에 있는 뇌의 전두엽前頭葉이 '웃음 중추'라는 연구 결과를 시카고에서 열린 미국방사선협회 연례 모임에서 발표했다. 이 연구팀은 정상적인 사람 열세 명을 대상으로 우스운 이야기와 만평을 읽거나 볼 때, 다른 사람의 웃음소리를 녹음한 테이프를 듣거나 따라 웃을 때에 뇌가 각각 어떤 반응을 보이는지를 자기공명영상(MRI)으로 촬영해 분석했다. 이 영상을 일반적인 뇌의 영상과 비교한 결과, 각각의 경우 모두 오른쪽 눈 윗부분의 돌출 부위인 전두엽 하단의 여러 부분에서 활발한 반응이 나타난 것을 발견했다. 연구를 총괄한 시배터 박사는 "우울증 환자의 경우 전두엽 하단이 정상적으로 반응하지 않는다는 사실도 확인했다."면서 "이번 연구 결과가 우울증 환자를 비롯해 뇌졸중 등의 신경 장애로 웃음을 상실했거나 성격이 변한 환자 등 다양한 정신장애 환자를 진단하고 치료하는 데 도움을 줄 것"이라고 말했다. 아울러 뇌수술을 할 때 감정과 사회적 행동을 담당하는 민감한 부위를 미리 알 수 있어 뇌손상으로 인한 성격 장애와 같은 부작용을 막을 수 있다고 덧붙였다.

한편 이들이 분석한 자기공명영상은 웃음을 접할 때 동물의 긍정적 감정과 관련된 부위, 약물중독자의 증세를 완화시키는 핵심 부위에서도 뚜렷한 활동이 있음을 보여 주었다. 이에 대해 시배터 박사는 "유머 감각은 공포와 같은 부정적 태도를 상쇄시키는 역할을 해 정상적인 사회생활을 유지할 수 있게 한다."고 밝혔다. 실제 웃음 중추로 알려진 전두엽 하단은 사회적 행동, 정서적 행동, 의사소통, 판단력, 자제력과도 밀접한 관계를 가지고 있는 것으로 알려져 있다.(《동아 사이언스》 2000년 11월 30일)

사람은 언제부터 웃었을까?

영국 포츠머스 대학의 마리나 다빌라 로스Marina Davila Ross 교수팀은 인간과 유인원의 웃음이 1,000만~1,600만 년 전에 살았던 공통 조상으로부터 물려받은 것이라는 연구 결과를 발표했다.

로스의 연구팀은 침팬지와 고릴라, 오랑우탄, 보노보 등 어린 유인원 스물두 마리와 사람 아기 세 명을 간질이며 이들이 내는 웃음소리를 800여 차례 녹음했다. 녹음한 소리를 분석해 본 결과 유인원과 아기의 웃음소리를 구성하는 성분이 비슷하다는 사실을 밝혀냈다. 연구팀은 분석 결과를 가지고 이들의 웃음소리가 갖는 공통점과 차이

점을 보여 주는 도표를 만들었다.

이 도표는 아주 흥미로운 현상을 보여 주었다. 유인원의 진화적 계통과 거의 일치하는 것으로 나타난 것이다. 인간과 가까운 침팬지와 보노보의 웃음소리가 우리와 가장 비슷했다. 고릴라가 그 다음이었고, 오랑우탄의 웃음소리가 사람과 가장 많이 달랐다.

사람과 유인원의 웃음소리 사이의 차이점도 분명히 밝혀졌다. 사람은 보통 숨을 내쉬면서 웃음소리를 낸다. 그러나 침팬지는 숨을 내쉬고 들이쉴 때 모두 웃음소리를 낸다는 차이가 있다. 또 사람의 웃음소리는 유인원과 달리 규칙적인 것으로 나타났다. 이는 웃을 때 성대의 떨림이 규칙적이기 때문이다. 실험 대상이었던 유인원 가운데에는 보노보의 성대 움직임이 사람과 가장 비슷했다.(《동아 사이언스》 2009년 7월호)

웃음의 기능

웃음은 어떤 기능을 할까?

'웃는 얼굴에 침 못 뱉는다.', '소문만복래笑門萬福來', '일소일소 일노일로一笑一少 一怒一老'라는 말이 있다. 웃으면 스트레스를 완화하는 효과가 있으며, 웃음과 건강이 생리적으로 직접적인 관계가 있다고 한다.

영국의 철학자이자 사회진화론자인 허버트 스펜서Herbert Spencer, 1820~1903는 웃음이 육체적·심리적 건강에 긍정적인 효과가 있다고 보았다. 좀 더 구체적으로 말하면 웃음은 즐거운 흥분 상태를 만들게 됨으로써 소화에 긍정적인 영향을 끼친다고 보았다.(『웃음의 미학』 331쪽)

고고학자인 스티븐 미슨은 웃음의 기능을 사회적인 측면에서, "웃음은 낯선 이를 만날 때 어색한 분위기를 깨 주고, 결속을 유발하고, 선의를 불러일으키며, 공격성과 적개심을 줄여 준다. 사업가는 고객과 친근감을 형성하기 위해 웃음을 이용한다. 우리 모두는 이성을 유혹할 때 웃음을 이용한다."(『노래하는 네안데르탈인』 122쪽)고 밝히고 있다. 요컨대 웃음은 생리학적으로 우리 몸에 좋으며, 사회적인 측면에

서 보았을 때에도 도움을 주고 있다는 말이다.

만약 웃음이 우리 DNA에 있다고 가정한다면, 분명 생존과 번식에 유리한 쪽으로 인류를 진화시키는 데 큰 역할을 했을 것이다.

미소

 미소와 웃음은 어떻게 다를까? 어떤 학자들은 미소를 웃음의 하위 개념이라고 말하기도 한다. 그러나 미국 밴더빌트 대학의 심리학과 교수 조안 바초로프스키Jo-Anne Bachorowski는 미소와 웃음이 별개의 행위라고 주장한다. 미소는 웃음에 비해 얼굴 근육을 훨씬 덜 사용할 뿐만 아니라 소리도 내지 않는다. 게다가 의도적으로 미소를 지음으로써 상대방에 대한 호감을 가장하기도 한다. 반면 웃음은 보다 솔직하고 즉각적인 감정 표현으로 신경과 근육, 성대까지 동원되는 에너지 소모가 큰 행동이다. 웃음은 미소에 비해 속이기 어렵다. 그렇기에 사람들은 웃는 얼굴을 대하면 본능적으로 편안함을 느끼게 된다.
 '뒤센 미소Duchenne smile'라는 말이 있다. 이 미소를 처음으로 설명한 18세기 프랑스의 심리학자 기욤 뒤센Guillaume Duchenne, 1806~1875의 이름을 딴 것이다. 이것은 입꼬리가 말려 올라가고 눈에서는 빛이 나며 눈가에는 주름이 잡히는 웃음을 말한다. 보톡스를 맞은 사람은 도저히 지을 수 없는 표정이다. 이때 사용되는 근육은 사람이 마음대로 통제하기 어렵기 때문에 뒤센 미소야말로 진짜 행복한 감정을 표현한다. 이러한 감정은 뇌의 좌반구가 활성화될 때 느끼는 것으로 긍

정적인 감정을 만들어 낸다. 엄마가 아기를 볼 때 짓는 미소가 바로 이것이다.

이 미소와 정반대되는 미소가 팬아메리카 미소Pan-American smile, 즉 항공기 여승무원들의 억지 미소를 따서 붙인 이름이다. 이 미소는 입 주위의 근육 외에는 거의 사용하지 않는다. 이런 미소는 하위 영장류가 기분이 좋을 때나 놀랐을 때 보여 주는 표정과 관련이 있다. 이것은 '가짜' 미소다.

심리학자인 다처 켈트너Dacher Keltner는 사람들에게 아주 잠깐만이라도 뒤센 미소를 보여 주면 상대방도 미소를 짓는다는 사실을 밝혀냈다. 물론 이 사람들은 전보다 더 안정을 찾고 긴장이 완화되었다.

또 켈트너와 UC버클리 대학의 리앤 하커LeeAnne Harker는 1960년대 대학 졸업 앨범에 나와 있는 여학생들의 미소를 분석했다. 그 앨범에서 뒤센 미소를 짓고 있는 여학생은 절반에 달했다. 이 여학생들이 27세, 43세, 52세가 되었을 때 다시 만나 그들의 결혼 생활과 생활 만족도를 조사해 보았다. 그 결과 뒤센 미소를 짓고 있었다는 것만으로도 이 졸업생들의 대답을 가늠할 수 있었다. 뒤센 미소를 짓고 있던 여학생들은 빼어난 미인은 아니었지만 30년 후에도 여전히 결혼 생활을 하면서 매우 행복하게 살고 있었다. 행복의 척도는 바로 눈가의 주름이었던 것이다.

미소는 돈이 들지 않지만 많은 선물을 준다. 어떤 사람에게는 이 세상이 너무 힘들어 미소를 짓는 것조차 버거울지도 모른다. 그런 사람에게 당신의 미소를 보내라. 이 세상에서 미소가 가장 필요한 사람은 아무것도 줄 것이 없는 사람이다.

여러 연구에 따르면 미소 짓는 사람이 미소 짓지 않는 사람보다 더 유쾌하고 더 사교적이며 더 매력적이고 더 유능하며 더 정직하다는 평가를 받는다고 한다. 판사는 미소 짓는 사람에게 더 가벼운 형량을 언도한다고 알려져 있다. 이것이 이른바 '미소·관용 효과'이다.(『얼굴』324쪽)

"미소는 인간에게만 나타나는 행동인데, 심지어 태어날 때부터 눈이 멀고 귀가 먼 사람도 미소를 지을 줄 안다. 우리는 미소의 기원은 알지 못하지만 미소의 기능은 알고 있다. 미소는 상대방의 공격성을 누그러뜨리고 무장을 해제한다. 미소를 지을 때 이를 드러내 보인다는 사실 때문에, 미소는 양식화된 위험 동작이며 진화 과정에서 원래의 의미가 뒤바뀌었다는 주장도 있다. 하지만 인간이 상대방을 위협할 때는 이를 전혀 다른 방식으로 드러내 보인다는 사실을 알아야 한다. 상대방을 위협할 때는 입꼬리를 옆으로 벌리는데 특히 아랫입술의 끝부분을 최대한 아래로 내린다. 이렇게 하는 이유는 아마도 많은 영장류 동물들이 하는 것처럼 지금은 있지도 않은 길고 날카로운 윗송곳니 전체를 드러내기 위한 것이다. 그런데 다른 어떤 동작보다도 위협적인 행동, 즉 상대방을 가차 없이 물어뜯겠다는 공격적인 행동이 어떻게 해서 더할 나위 없이 우호적인 행동으로 의미가 바뀌었을지 추측하기란 쉽지 않다. 어쩌면 방어적인 위협에서 비롯되었을지도 모른다. 영장류의 여러 동물의 경우 서열이 낮은 개체들이 '이빨을 드러내는 공포' 현상을 보여 주는데, 이때 앞니 전체가 드러난다. 그러나 이와 다른 가능성이 또 있다. 많은 영장류들은 집단 구성원의 털을 서로 손질해 준다. 이런 동작이 양식화하여 허공에 대고 털을 손질해 주는 행동을 한다는 사실은 앞에서도 설명했다. 이 동작을 할 때 털을 손질하는 앞니가 드러난다. 이는 전적으로 우호적인 신호로, 나는 인간의 미소가 바로 이 동작에서 나오지 않았을까 생각한다. 하지만 인간과 가장 가까운 영장류들의 이와 관련된 행동 양식을 알 수 있는 필름이나 사진이 부족해서 이 가설을 입증하기는 쉽지 않다. 그러므로 우리는 미소의 기능과 효과에 대해서는 확실하게 말할 수 있어도 기원이 무엇인지는 말할 수 없다."(『야수인간』 274~278쪽)

남자와 여자는 웃음의 동기가 다르다

메릴랜드 대학의 심리학 교수인 로버트 프로빈Robert Provine의 주장에 따르면 남성과 여성 모두 여성의 말보다는 남성의 말을 들을 때 더 많이 웃는다고 한다. 따라서 여성 코미디언은 남성보다 성공하기 힘들다는 것이다.

동아일보와 고려대 언론학부 마동훈 교수 연구팀의 공동 조사에 따르면 남성은 순간적으로 주고받는 농담이나 행동이 웃기는 데서 유머를 찾는 경향이 있는 반면, 여성들은 이야기를 풀어 나가는 과정 자체를 즐기거나 공감대가 형성돼야 흥미를 느끼는 양상을 보였다고 말한다. 요컨대 여성은 남자보다 스토리 자체를 즐기고 또 공감 능력이 웃음을 좌우한다는 말이다.

웃기는 남자가 성공한다

웃음은 효과와 협력을 암시한다. 따라서 타인의 웃음을 쉽게 끌어 낼 수 있는 사람은 그만큼 매사에 협력과 지지를 쉽게 얻어 낸다. 유머는 곧 설득력인 것이다. 여자들은 낯선 남자들과의 대화를 나눈 뒤에 자신을 더 웃긴 남자를 다시 만나고 싶어 한다는 연구 결과가 있다. 여성들은 본능적으로 유머 감각이 있는 남성에게 끌리게 된다는 의미다. 이런 남자와 맺어질 경우 사회생활뿐만 아니라 가정생활도 원만하게 유지돼 자손을 통해 여성의 유전자가 계속 전달될 수 있기 때문이다. 요컨대 웃음은 성선택의 결과인 셈이다.

세계적인 진화심리학자인 데이비드 버스는 세계 37개의 문화권에서 배우자 선호 조사를 통해 여성이 남성에게 원하는 것을 조사했다. 그 결과, 남성의 유머 감각은 남자의 사회적 지위나 경제적 능력만큼 중요한 요소임이 밝혀졌다.

그러나 실제로 남자는 여자만큼 많이 웃지 않는다. 사회학자들은 여자들의 기본적인 표정은 웃음이고, 남자들의 기본적인 표정은 무표정이라고 말한다. 이는 과학적으로 보았을 때 맞는 말이다. 남성호르몬인 테스토스테론의 수치가 높을수록 웃는 일을 싫어한다는 실험 결과가 있다. 이런 남자들은 사진사가 사진을 찍을 때 웃으라고 요구해도 활짝 웃지 않는다. 그러니 남자들은 얼굴 사진을 보면서 자신의 남성 호르몬 수치를 확인할 수 있을지도 모르겠다. 또 여자는 근광대뼈근육이 남자보다 훨씬 두텁다. 이 근육은 주로 웃을 때 사용되는 부분으로 여자가 남자보다 많이 웃는 데에는 확실한 근거가 있는 셈이다.

REFERENCE

대니얼 맥닐 지음, 안정희 옮김, 『얼굴』(사이언스북스, 2003)
류종영 지음, 『웃음의 미학』(유로, 2005)
아이블 아이베스펠트 지음, 이경식 옮김, 『야수 인간』(휴먼앤북스, 2005)
데즈먼드 모리스 지음, 김석희 옮김, 『털 없는 원숭이』(문예춘추, 2006)
다이앤 애커먼 지음, 김승욱 옮김, 『뇌의 문화지도』(작가정신, 2006)
스티븐 미슨 지음, 김명주 옮김, 『노래하는 네안데르탈인』(뿌리와이파리, 2008)
마리안 라프랑스 지음, 윤영삼 옮김, 『웃음의 심리학』(중앙북스, 2012)

Section 17

자신의 몸조차도 바쳐라

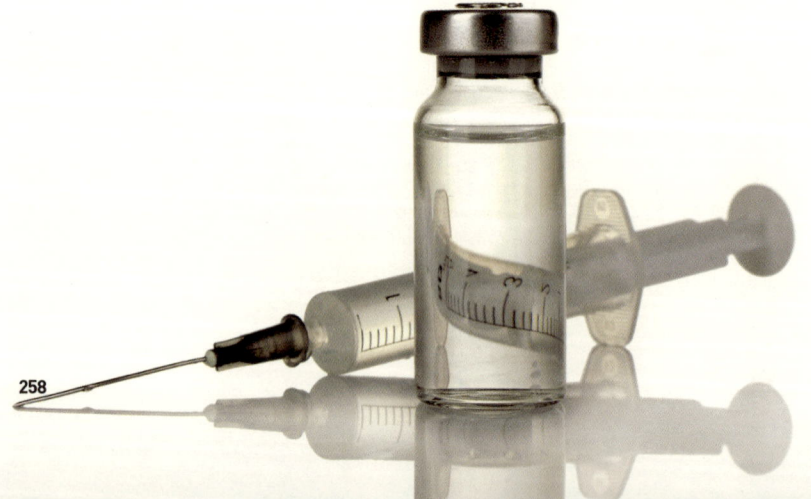

1 병의 원인을 밝히기 위한 위험한 실험

2 인간 행동의 기원을 알기 위한 실험

인간이란 동물은 언제나 새로운 것에 깊이 탐닉한다. 호기심에서 비롯된 이러한 성향을 'Neophilia(네오필리아)'라고 부른다. 그리고 인간의 이러한 성향은 항상 최초를 추구한다. 예컨대 최초 남극점 도착, 에베레스트 등정, 우주 탐험 등등. 이런 일에 성공하기 위해서는 목숨을 걸어야 한다. 목숨을 담보로 한 이런 행동은 성공했을 경우 큰 명예가 뒤따르기 마련이다.

목숨을 건 행동이 이렇게 위험한 장소에서만 이루어지는 것은 아니다. 실험실 연구에서도 과학자들은 목숨을 건 활동을 한다. 최초가 되고 싶고 최고가 되고 싶은 욕망, 바로 이것이 인간의 숙명은 아닐까? 이런 욕망 덕분에 인간은 우리를 둘러싼 세계에 대한 지식을 하나씩 인류의 역사에 더해 왔다.

코페르니쿠스와 갈릴레오는 하늘을 관측한 결과 천동설이 진실이 아니라고 보았다. 그러나 지동설을 주장하는 일은 목숨을 건 행동이었다. 그들은 진실과 목숨 사이에서 고민했을 터. 그러나 두 사람은 진실을 택했다. 그래서 그들의 이름은 인간의 역사책에 위대한 이름으로 남아 있다. 이런 일이 서양에서만 있지는 않았다. 조선 시대에 성리학은 주자의 해석을 따라야만 했다. 주자와 다른 해석을 하는 경우 목숨을 걸어야 했다. 그러나 박세당과 윤휴는 자신들만의 해석을 들고 나왔다. 결과 두 사람은 사문난적(斯文亂賊)으로 몰려 죽었다.

3 대륙 이동설

4 치명적인 푸른 빛

병의 원인을 밝히기 위한 위험한 실험

"1918년 11월, 62명의 죄수를 불러다가 사면을 해 줄 테니 실험에 응하라고 했다."(『독감』, 『과학이 나를 부른다』에서 인용) 이들에게 행한 실험에 쓰인 병원균은 바로 스페인 독감 균이었다. 20세기 초에 발생한 스페인 독감은 3,000만 명 이상을 죽음으로 이끈 무서운 질병이었다. 그런데 독감에 걸려 사경을 헤매는 환자의 코와 목에서 채취한 점액을 실험에 응한 죄수들의 코와 목구멍에 뿌렸다. 그리고 다른 집단에는 눈에다 떨어뜨렸다. 더욱 심한 방법이 동원되기도 했다. 죽어가는 독감 환자에게 지원자를 데려갔다. 지원자들은 병상에서 죽어가는 환자와 얼굴을 가깝게 맞대고 환자의 악취 나는 숨을 들이마시며 5분 동안 이야기를 나누어야 했다. 그리고 독감 환자와 얼굴을 맞대고 환자의 기침을 5회 이상 받았다.

다행히도 죄수 가운에 독감에 걸린 사람은 없었지만, 20세기 초까지의 실험 환경은 이처럼 매우 비인간적이었다.

2차 세계 대전 중에 독일과 일본은 생체 실험을 했다. 질병의 원인을 밝혀내겠다는 목적도 있었지만, 실제로는 생화학 무기를 만들기 위해서였다. 이는 당연히 반윤리적인 범죄 행위였다. 이러한 실험에

20세기 초 스페인 독감에 걸린 미군 병사들의 간이 병동과 인플루엔자

참가했던 독일 의사들은 전쟁이 끝나고 난 뒤 뉘른베르크 전범 재판에서 사형 선고를 받는다.

이와 같은 비인간적인 실험을 없애고자 1964년 헬싱키 선언이 채택되었다. "모든 연구는 연구 대상자들의 건강과 권리를 보호해야 한다"는 것이 헬싱키 선언의 골자다.(『과학이 나를 부른다』 252~253쪽)

이후 사람 몸을 대상으로 병의 원인을 밝히기 위한 실험은 엄격히 금지되어 있다. 인체에 실험을 하는 것은 반윤리적인 범죄 행위였기에, 병에 대한 연구는 보통 동물을 대상으로 한다. 하지만 동물은 여러 면에서 인체와 다르다. 그런 측면에서 생각할 때 가장 효과적인 실험은 직접 사람의 몸을 대상으로 하는 것이다. 그러나 현실적인 어려움 때문에 지원자를 찾을 수 없을 뿐만 아니라, 지원자가 있다 하더라도 합법적인 테두리에서는 실험을 할 수가 없다. 그래서 학자들은 곧잘 자신의 몸을 실험 대상으로 삼기도 한다.

황열병(Yellow fever)은 고열과 황달을 일으키는 감염성 열대병이다. 황열병에 걸리면 황달로 인하여 피부가 누렇게 변하는 경우가 있어서 병의 이름이 그렇게 정해졌다. 이 병은 세균에 감염된 이부자리나 옷 때문에 발생한다는 것이 19세기까지의 이론이었다. 그런데 20세기에 들어서면서 원인이 모기라고 생각하는 이론이 등장하게 되었다.

미국 육군 군의관이자 병리학자인 월터 리드Walter Reed, 1851~1902는 1900년 쿠바 주둔 미군에 황열병이 유행했을 때 조사단장으로서 현지에 가서 황열병 전염 경로를 연구했다. 월터 리드는 황열병의 원인을 모기라고 생각했다. 그래서 이를 증명하기 위해 실험을 한다.

일단 모기로 하여금 황열병 감염자의 피를 빨게 한 뒤 2주 후에 병인자가 모기의 체내에서 성숙했다고 가정하고, 이 모기가 건강한 지원자의 피를 빨게 했다. 첫 번째 실험 대상은 군의관인 제임스 캐럴James Carroll과 존스 홉킨스 대학의 과학자 제시 라지어Jesse Lazear 박사였다. 라지어 박사는 황열병으로 죽었다. 이어 미군 병사를 대상으로 한 좀 더 큰 규모의 실험이 실시되었다. 미군 병사들은 100달러를 받고 실험에 참가했다. 물론 이들에게는 미리 실험의 목적과 위험성을 알리고 계약을 맺었다. 병에 걸리면 100달러의 추가 보너스를 받기로 했다. 지원자 가운데 스무 명이 황열병에 걸려 앓기는 했지만 사망자는 없었다. 마침내 이 실험의 결과로 모기가 황열병을 옮긴다는 것이 확인되었다.(『과학이 나를 부른다』 132쪽)

이런 실험은 외국에서만 일어난 것이 아니다. 당연히 우리나라에서도 이런 일이 있었다.

디스토마의 감염 원인을 밝혀내기 위해 디스토마 감염원인 미꾸라지를 잡아 유충을 고른 뒤 지원자 두 명이 먹었다. 마흔네 살인 남성은 스물일곱 마리를, 서른넷인 남성은 일곱 마리를 먹었다. 스물일

곱 마리를 먹은 사람은 감염 후 일주일 뒤부터 배가 아파 왔고 나중에는 설사와 불면증까지 생겼다. 28일 동안 약을 먹으면서 치료하기까지 고생을 많이 했다. 일곱 마리를 먹은 사람은 가슴만 조금 아팠고 설사도 하지 않았다. 이 두 사람 가운데 나이 많은 사람은 기생충을 연구하는 교수였고, 젊은 사람은 교실에서 기사로 일하는 사람이었다. 두 사람은 외부에서 온 지원자가 아니라 자신의 몸에 직접 실험한 과학자였던 것이다. 이 실험은 1985년 한국에서 벌어진 일이었다.

1990년, 서울대학교 기생충학과의 연구원들은 갈고리촌충의 유충을 빵에 넣어 먹었다. 한 연구원은 유충을 물어 죽이려고 빵을 꼭꼭 씹어 먹었다. 몇 주가 지난 후 대변 검사가 실시되었다. 현미경 검사를 할 필요도 없이 감염된 사람의 대변에서는 하얀 유충을 확인할 수 있었다. 감염자 중에는 이 실험을 기획한 교수와 연구원이 포함되어 있었다. 6주 후에 감염자들이 약을 먹고 빼낸 벌레들은 항원으로 만들어져 기생충 진단에 아주 유용하게 쓰였다.(『과학이 나를 부른다』 249~251쪽)

재미있는 사례를 하나 더 살펴보자. 충북대학교에서 기생충을 연구하는 엄기선 교수는 아시아조충이라는 기생충을 연구하기 위해 돼지 5,000마리를 뒤져 아시아조충을 한 마리 찾아낸다. 그리고 이 유충을 직접 먹었다. 두 달 반 후 대변 검사를 통해서 유충이 성충으로 자랐음을 확인할 수 있었다. 엄기선 교수는 아시아조충이 몸속에서 자라고 있다는 사실을 알고도 아시아조충을 죽이지 않았다. 그는 그 아시아조충을 죽이기 아까워서 5년 동안 자신의 뱃속에서 키우며 실험을 했다. 그 결과 엄기선 교수의 이름은 미국 교과서를 비롯해『세계 과학자 인명사전』에도 등재되었다.(『과학이 나를 부른다』 255~256쪽)

생리학자였던 J. S. 홀데인John Scott Haldane, 1860~1936은 독성 가스가 인체에 미치는 영향에 관심을 가지고 있었다. 특히 광부들이 일산화탄소에 노출되어 사망하는 현상의 원인을 알아내기 위해 자신의 몸을 직접 실험 대상으로 삼았다. "그는 자신을 조직적으로 일산화탄소에 노출시킨 후에 혈액을 채취해서 분석해 보기도 했다. 모든 근육이 완전히 마비되기 직전에 멈추었을 때 혈액의 포화 수준은 56퍼센트였다."(『거의 모든 것의 역사』 259쪽) 만약 그의 몸이 마비되었다면 그는 죽었으리라.

J. S. 홀데인의 아들인 J. B. S. 홀데인John Burdon Sanderson Haldane, 1892~1964은 어려서부터 아버지의 일에 관심이 많았다. 아들이 십대가 되었을 때 아버지와 아들이 함께 서로 가스 마스크를 번갈아가면서 쓰고, 기절하기까지 시간이 얼마나 길리는지 실험을 하기도 했다. 정말 부전자전이다.

J. S. 홀데인은 자신의 아내까지도 실험 대상으로

삼았다. 잠수 실험에 참가했던 그의 부인은 13분 동안 경련을 일으킨 적도 있었다. "마루 위를 떼굴떼굴 구르던 그녀는 경련이 멈추자 스스로 일어나서 저녁 준비를 하러 부엌으로 가야 했다. 홀데인은 실험을 할 때 주변에 있는 사람이면 누구나 가리지 않고 도움을 청했다."
(『거의 모든 것의 역사』 260쪽) 정말 부부는 일심동체인 모양이다.

인간 행동의 기원을 알기 위한 실험

리키 가문은 인류학 분야에 있어서 가장 유명한 가문이다. 이 가문은 아프리카에서 호모 사피엔스 조상의 화석을 많이 발굴해 냈다. 화석화된 유골을 통해 우리는 우리 선조들에 대한 많은 지식을 쌓아 갈 수 있었다. 그런데 화석 증거들은 우리 선조들이 어떻게 행동을 했는지에 대해서는 대답을 할 수 없었다. 이를 규명하기 위해 수렵 채집을 하는 집단을 연구할 필요가 있었으며, 또한 호모 사피엔스와 공통 조상을 두고 있는 유인원에 대한 연구의 필요성이 대두되었다.

침팬지나 고릴라, 보노보에 대한 연구가 이전에도 없지는 않았다. 그러나 연구는 보통 동물원에서 행해졌다. 활동 반경이 넓은 유인원에 대한 연구를 좁은 동물원에서 행한다면 이는 분명히 한계를 지니고 있다. 그래서 루이스 리키는 야생 침팬지를 야생에서 직접 관찰할 계획을 세우고 지원자를 모집한다. 제인 구달의 침팬지 연구는 이렇게 시작되었다.

20대 중반의 그녀는 아프리카 탄자니아의 곰비 숲으로 가서 침팬지를 관찰하고 연구한다. 침팬지는 상당히 폭력적이며 인간보다 월등히 힘이 세다. 그 숲에서 침팬지를 연구한다는 것은 분명 목숨을

걸어야 하는 일이었다.
 그녀는 침팬지의 생태에 대해 많은 것을 알아낸다. 침팬지가 육식을 한다는 것을 밝혀낸 것도 바로 그녀다. 이후 제인 구달은 세계적인 영장류 학자가 된다. 노년인 그녀는 지금도 전 세계를 돌며 침팬지를 비롯해 자연과 먹을 것들 그리고 환경의 중요성에 대해 강연을 하고 있다.

대륙 이동설

대륙 이동설은 20세기 초반에 밝혀진 진실이다. 대륙 이동설이란 지구상의 대륙들이 원래는 판게아라 부르는 하나의 대륙을 이루고 있었으나, 대륙들이 서로 떨어지고 움직이면서 지금의 모습으로 되었다는 이론이다. 이 이론의 제창자는 독일 사람 알프레트 베게너였다.

그는 1930년에 그린란드 탐사를 떠났다. 그는 쉰 살 생일을 맞아 홀로 보급품을 챙기면서 외로운 연구를 수행했다. 그러나 그는 그 탐사 여행에서 돌아오지 못했다. 그는 얼음 위에서 동사한 시체로 발견되었다. 그는 현장에 묻혀 있으며, 지금도 그 자리에 그의 무덤이 있다. "물론 그가 사망했을 때보다 1미터 정도 북아메리카 쪽으로 움직여 갔을 것이다."(『거의 모든 것의 역사』 200~201쪽)

하나의 과학 이론을 완성하기 위해 쉰 살 생일날 집에서 가족들과의 생일 파티도 마다하고 목숨을 건 채 연구하다가 홀로 쓸쓸하게 죽어간 그의 업적 덕분에 우리는 지구의 대륙이 지금도 움직이고 있음을 알게 되었다.

Section 17
4

치명적인 푸른 빛

"나는 조용히 있고 싶어." 마리 퀴리Marie Curie, 1867~1934가 남긴 마지막 말이었다. 1934년, 67세였던 그녀는 찬란한 영광을 뒤로한 채 세상을 떠났다. 그녀의 사망 원인은 '재생 불량성 빈혈'이었다. 이 병에 걸린 이유는 아마도 방사능으로 손상을 입어 골수가 제대로 작동하지 않았기 때문이라고 그녀를 진료했던 의사는 밝혔다.

마리 퀴리는 프랑스 소르본 대학에서 물리학 박사 학위를 받은 최초의 여성이었고, 1903년에 노벨 물리학상을 받았다. 방사능을 발견한 공로로 남편인 피에르 퀴리Pierre Curie, 1859~1906, 앙리 베크렐 Antoine Henri Becguerel, 1852~1908과 공동 수상했다. 1911년에는 폴로늄과 라듐 원소를 분리해 낸 공로를 인정받아 노벨 화학상을 받았다.

19세기가 끝날 무렵 유럽의 과학 세계는 새로운 현상에 빠져들었다. 뢴트겐Wilhelm Konrad Röntgen, 1845~1923은 X선을 발견했고, 앙리 베크렐은 우라늄이 빛을 내는 현상을 발견했다. 이에 자극을 받은 마리 퀴리와 피에르 퀴리 부부는 자신들도 이런 현상에 관심을 가지고 연구를 시작한다. 마리 퀴리는 우라늄보다 더 강한 빛을 내는 원소를 발견한다. 그녀는 이 새로운 원소에 자신의 조국인 폴란드에 바치는 의

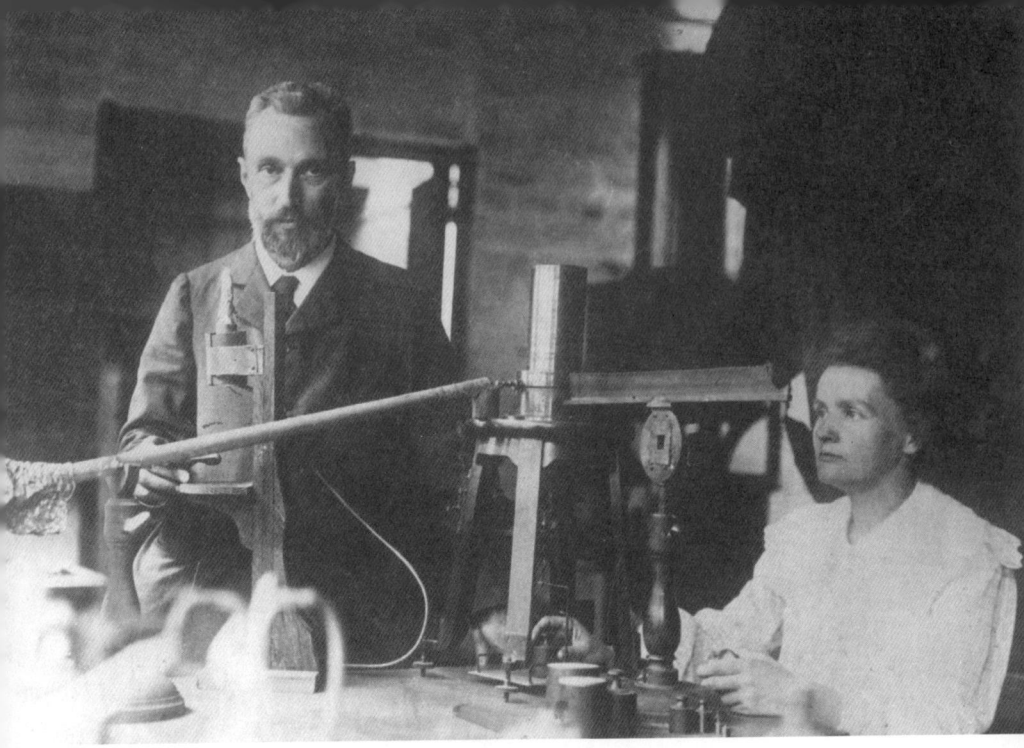

▰ 피에르 퀴리와 마리 퀴리 부부

미로 폴로늄(원자번호 84, Polonium, Po)이라 이름을 붙인다. 그리고 1902년 그녀는 순수한 라듐을 정제해 낸다. 라듐(원자번호 88, Radium, Ra)은 어두운 곳에서도 푸르스름한 빛을 냈다. 라듐은 라틴어로 '빛'을 뜻하는 'radius'에서 따왔다. 라듐을 분리하는 일은 고되고 위험한 일이었다. 엄청난 양의 피치블랜드(우라늄 광물)를 정제해서 얻는 라듐의 양이 0.1그램에 불과할 정도로 힘든 일이었다. 그리고 그녀는 이 작업 도중 방사능에 오래 노출될 수밖에 없었다.

1990년대 후반 마리 퀴리의 유족들이 퀴리의 저서와 일기, 편지, 연구 노트 등을 프랑스 국립박물관에 기증했다. 수십 년의 세월이 지나갔음에도 이 각종 자료에서는 방사선이 나오고 있었다. 방사능 수치를 재는 가이거 계수기로 측정하자 이 자료들은 3등급으로 분류되었다. 가장 방사능이 심한 것은 2년에 걸쳐 방사능 제염 작업을 해야만 했을 정도였다.

마리 퀴리는 최초의 여성 노벨상 수상자였고, 이후 32년 동안 어떤 여성도 이 상을 받지 못했다. 이 기록은 그녀의 딸인 이렌 졸리오-퀴리(Irène Joliot-Curie, 1897~1956)에 의해 깨진다. 이렌은 1935년 노벨 화학상을 수상한다. 이렌이 1956년에 사망했을 때 나이는 불과 59세였다. 그녀의 사인도 방사성 물질에 의한 백혈병이었다. 이렌의 남편도 아내가 죽고 2년 뒤 라듐과 폴로늄의 영향으로 세상을 떠났다. 퀴리 모녀와 사위가 인류 과학 발전에 스스로의 목숨을 바쳤던 것이다.

UN은 2011년을 '세계 화학의 해'로 정했다. 마리 퀴리가 노벨 화학상을 수상한 지 100주년이 되는 해였기 때문이다. 그녀의 이름은 화학 원소의 이름에도 남아 있다. 1944년, 미국 글렌 시보그(Glenn T. Seaborg, 1912~1999) 연구팀이 새로운 원소를 발견하고 이 원소 이름을 퀴륨(원자번호 96. Curium, Cm)이라 붙였다. 그녀가 목숨을 걸고 이루어 낸 업적은 지금도 과학자 사회에서 귀감이 되고 있다.

REFERENCE

김연수 외 29인 지음, 『과학이 나를 부른다』(사이언스북스, 2008)
빌 브라이슨 지음, 이덕환 옮김, 『거의 모든 것의 역사』(까치, 2003)
바바라 골드스미스 지음, 김희원 옮김, 『열정적인 천재, 마리 퀴리』(승산, 2009)

Section 18

유토피아?
그런 곳은 없어

유토피아인들은 돈을 없앴을 뿐 아니라 그와 함께 탐욕까지 없앤 것입니다! 그 한 가지만으로도 도대체 얼마나 큰 고통이 사라진 것입니까! 얼마나 많은 죄의 뿌리를 잘라 낸 것입니까! 돈이 없어 진다면 사기, 절도, 강도, 분쟁, 소란, 쟁의, 살인, 반역, 독살 등 온갖 범죄들이 사라진다는 것을 모 두 잘 알고 있습니다. 현재 우리나라에서는 이런 범죄들에 대해서 형 집행관이 응징하는 정도일 뿐 막지는 못합니다. 만일 돈이 사라진다면 공포, 고뇌, 근심, 고통, 잠 못 드는 밤이 함께 사라집니 다. 빈곤 문제를 해결하기 위해서는 무엇보다 돈이 필요하다고 말하지만, 사실은 정반대로 돈이 사 라지면 빈곤도 완전히 사라지는 것입니다.

_토머스 모어, 「유토피아」 중에서

1 바이오스피어 2

2 바이오스피어 2의 결말

　　　　동서고금을 막론하고 대부분의 사람들은 자신이 사는 곳에 대해 불만을 가졌다. 현실에 만족하지 못하는 인간은 항상 지금보다 훨씬 더 나은 세상을 원한다. 춘추 시대의 공자를 비롯한 유가(儒家)는 예치(禮治)와 덕치(德治)를 통해서 살 만한 세상을 만들기를 원했다. 토머스 모어(Thomas More, 1477~1535) 역시 좀 더 나은 세상을 꿈꾸었다. 나아가 그는 그 꿈을 글로 남겼다. 바로『유토피아(Utopia)』다. 토머스 모어가 원한 세상, 즉 '유토피아'는 어원 그대로 세상에 존재하지 않는 곳이다.

　　　　올더스 헉슬리(Aldous Huxley, 1894~1963)의『멋진 신세계』를 들여다보자. 책의 원제목은 'Brave New World'다. 옥스퍼드 사전의 해석은 "사람들의 삶을 개선하지만 흔히 다른 문제들을 야기하기도 하는 방향으로 변화해 가는 사회나 상황"이다. 헉슬리는 집단의 우수 유전자를 보존하는 방식의 새로운 세계를 꿈꾸었다.

　　　　베르나르 베르베르(Bernard Werber, 1961~)의 소설『파피용』은 인간이 지구를 불모지로 만들고는 다른 행성을 찾아가는 여정을 그리고 있다. 책의 제목은 이들이 우주여행을 하는 범선의 이름에서 땄다. 태양 에너지로 움직이는 우주 범선에는 14만 4천 명의 사람이 타고 있다. 그들의 여행은 1천 년이 걸렸다. 여행이 순조롭지만은 않았지만, 마침내 그들은 지구와 닮은 행성에 도달한다. 미래에 이런 일이 정말 가능할까? 지구와 환경 조건이 유사한 행성을 찾는 일도 어려울뿐더러 그 행성이 우주선을 타고 갈 만한 거리에 있을지도 궁금하다. 아니면 화성을 인간이 살 수 있는 환경으로 바꿀 수는 없을까? 테라포밍(Terraforming)이란 단어가 있다. '다른 행성을 지구와 같은 환경으로 만든다'는 의미다. 이것이 가능할까? 즉, 과학으로 유토피아를 만들어 낼 수 있을까?

3 유전자 조작 치료 혹은 유전적 진보?

바이오스피어 2

우리가 살고 있는 지구는 공기 중의 질소량이나 산소량이 오랫동안 일정하게 유지되어 왔다. 지금 생존해 있는 동식물은 모두 이런 환경에 적응해 온 것이다. 우리 인간도 생물학적으로 이러한 환경에 익숙해져 있어서, 만약 환경이 변한다면 생존이 어려워질 수도 있다. 특히나 이산화탄소가 증가하거나 오존층이 파괴되면 거의 모든 동식물에게 치명적인 결과를 가져올 수 있다.

만약 지구의 생태계 시스템이 생물에게 부적합한 상태로 점점 망가져 가고 있다면 현재의 과학 기술로 이를 바로잡을 수 있을까? 또 다른 행성을 인간이 살 수 있도록 만들 수 있을까? 그렇게 하기 위해서 우리는 기본적으로 공기 중의 산소 농도나 이산화탄소 농도를 적절히 조정할 수 있어야 할 것이다.

그런데 실제로 이런 실험을 진행한 적이 있었다. '바이오스피어 2Biosphere 2'라는 이름의 이 실험은 1991년 9월부터 만 2년 동안 진행되었다. '바이오스피어'라는 단어는 자연 생태계를 의미하며, 이에 대해 '바이오스피어 2'는 인공으로 만들어진 생태 시스템을 뜻한다.

실험을 진행한 사람들은 미국 애리조나 주 투손 부근의 사막에

미국 애리조나 주에 있는 바이오스피어 2

1987년부터 외부와는 완전히 단절되고 밀폐된 공간을 준비했으며, 완공 후인 1991년 9월 26일부터 만 2년 동안 여덟 명(남자 네 명, 여자 네 명)이 그곳에서 자급자족적 농업을 하며 생활했다. 이 공간의 넓이는 1,275헥타르(1헥타르는 가로세로가 각 100미터인 넓이, 따라서 축구장보다 조금 더 넓음)로 과학자들은 이곳의 내부를 지구 생태계와 아주 비슷하게 꾸며 놓았다.

바이오스피이 2의 내부는 인간 거주 구역, 집약농업 생물군계(농업 구역) · 산호초가 포함된 대양 생물군계 · 열대 우림 생물군계 · 사바나 생물군계 · 사막 생물군계 · 습지 생물군계 구역 등으로 구성되어

◤ 바이오스피어 2의 내부 모습

있었다. 그리고 전 세계에서 수집한 3,800종의 식물과 동물을 수용했다. 즉 바이오스피어 2는 지구의 생태계를 그대로 모방하고 있었던 것이다. 그곳에서 대원들은 자신들이 먹을 식량을 직접 재배하고 사용한 물을 재사용할 뿐만 아니라 자신들이 호흡하게 될 공기까지도 관리하도록 훈련을 받았다.

 이들의 일차적인 목적은 바이오스피어 2가 지구 생태계에서 하는 일을 그대로 할 수 있는지를 실험하는 것이었고, 만약 이것이 가능하다면 다른 행성에도 이러한 곳을 건설함으로써 우주 식민지를 구축할 수 있다는 것을 확인하기 위해서였다.

보통 이처럼 거대한 규모의 실험을 하려면 국가적인 차원에서 예산이 지원되고 실행 계획이 수립되어야 하지만, 이 실험은 개인의 자본으로 진행되었다. 그 비용이 무려 2억 달러가 넘었다. 언론에서는 '지구를 복제하기', '우주를 위한 노아의 방주', '제2의 창세기'라고 수사를 붙이는 등 뜨거운 관심을 보이기도 했고, 또 반대로 사이비 과학 집단의 돈놀이로 보는 시각도 존재했다.

바이오스피어 2에 들어갈 사람은 오랜 기간 배나 오지에서 생존 훈련을 해 왔으며, 바이오스피어 2에서 각자 자신이 맡은 업무를 처리할 수 있는 기술을 가지고 있었다. 여덟 명 중의 한 사람인 제인 포인터Jane Poynter는 농업 구역을 책임진 대원으로, 이 실험의 결과를 『인간 실험 : 바이오스피어 2』라는 책으로 펴냈다.

만약 이 실험이 성공한다면 우리는 지구의 생태 시스템을 지금보다 쾌적하게 만들 수 있을 것이다. 즉, 지구 온난화의 주범인 이산화탄소의 발생도 획기적으로 줄일 수 있을 것이고, 오염되지 않게 지구를 지켜 나갈 수 있을 것이다. 바이오스피어 2의 대원들 사이에는 계급이나 위계질서가 존재하지 않았기 때문에 인간관계를 자연환경처럼 개선시킬 수 있는지의 여부도 실험 목적 중 하나였다. 어쩌면 우리가 바라는 유토피아를 만들 수 있을지도 모른다. 그렇다면 이 거대한 실험의 결과가 궁금할 수밖에 없다.

바이오스피어 2의 결말

바이오스피어 2의 세계에 닥친 위험은 한두 가지가 아니었다. 먼저 이산화탄소의 농도가 급격히 치솟았다. 이를 낮추기 위해, 이용할 수 있는 모든 땅에 초록 잎을 가진 식물을 심었다. 그리고 열대 우림 구역에서 빨리 자라 버린 나팔꽃 넝쿨도 잘라 냈다. 이 넝쿨은 빛을 차단해서 다른 식물의 광합성을 방해하기 때문이었다. 또한 산소의 농도가 정상치(공기의 21퍼센트)보다 5퍼센트나 떨어지기도 했다. 그 원인을 찾기 위해 여러 가지 실험을 했다. 마침내 그 원인을 찾아낸다. 줄어든 산소는 바로 시멘트가 먹어 버린 것이었다. 또한 식량 생산도 마음대로 되지 않았다.

게다가 바이오스피어 2 안에 있는 동물들이 멸종하기 시작했다. 또 완두콩이 곰팡이의 공격으로 죽어 갔고, 감자 역시 곰팡이의 공격을 견디지 못했다. 이로 인해 대원들의 식량이 줄어들었다. 적절한 에너지를 공급받지 못하게 되자 대원들의 체중이 급격히 빠지기 시작했다. 더욱 큰 문제는 그들 사이에 온갖 적의와 증오감이 자라나기 시작했다는 점이다. 또한 바이오스피어 2에 들어간 여덟 사람은 폐쇄된 공간에서 지내게 됨으로써 우주선이나 남극 연구 기지에서 오랜 기간 지내는 사람에게서 나타나는 여러 가지 정신적인 문제를 겪기도 했다.

유토피아는 원래의 뜻처럼 존재하지 않는 것 같았다. 그들 여덟 명이 2년 동안 그곳에서 연구 활동을 하고 다시 바이오스피어 1(자연 생태계)으로 돌아왔건만, 후속 연구는 진행되지 않았다. 바이오스피어 2를 둘러싼 이권 다툼이 벌어졌고, 국가적인 대규모 지원이 없었기 때문이다. 이제 바이오스피어 2는 관광객들이 찾아가는 장소로 변하고 말았다.

이 실험이 우리에게 이야기해 주는 부분은, 우리의 과학 기술 수준이 고도로 발달해 있지만 아직도 미지의 영역이 너무나도 많다는 점이다. 하긴 우리가 지금 숨 쉬며 살아가고 있는 이 지구 생태계는 무려 45억 년의 장구한 세월 동안 생성된 것이다. 그것을 얄팍한 인간의 과학으로 흉내 내고자 하는 것 자체가 인간의 탐욕이 아닐까. 우리는 지구의 생태 시스템에 대해 모르는 것이 더 많으면서도 생태계를 무참히 짓밟고 있지 않은가. 과연 지구의 미래가 어떻게 진행될 것인지 궁금하다. 이성적이고 지성적인 여덟 사람조차도 좀 더 나은 세상을 만들지 못했으니, 비이성적인 사람이 판치는 세상에서 유토피아는 요원해 보인다. 아니, 말 그대로 유토피아는 없다.

유전자 조작 치료 혹은 유전적 진보?
우생학의 그림자

우생학은 인류의 진보라는 명목 하에 인간을 표준적 이상형으로 개량하는 것을 목표로 시작된 학문이다. 우생학을 뜻하는 eugenics는 그리스어 eugene에서 나온 말로 '잘 태어난(well born)'을 뜻한다. 이 말은 1883년에 영국의 유전학자였던 프랜시스 골턴Francis Galton, 1822~1911이 최초로 사용했다.

그렇다면 골턴이 꿈꾼 세상은 어떤 인간들로 이루어져 있을까? 골턴은 과학의 이름으로 효율적이고 능률적인 사회를 만들고자 했다. 골턴의 말을 한번 들어 보자.

"여러 세대에 걸쳐 거듭 현명한 결혼을 시키면 지능이 높은 인간 종을 충분히 만들어 낼 수 있을 것이다."

골턴의 말은 마치 소나 말, 개를 품종 개량하듯 인간을 개량하겠다는 말이다.

우생학을 신봉한 사람들은 인간을 좋은 방향으로 개량하는 것만이 아니라, 지능이 낮고 정신적인 질환이 있는 사람이나 범죄자는 이 세상에서 없애 버려야 한다고 주장했다. 이러한 주장이 그냥 이론으로 끝났으면 상관이 없건만, 실제로 실행이 되었다. 대부분의 사람은

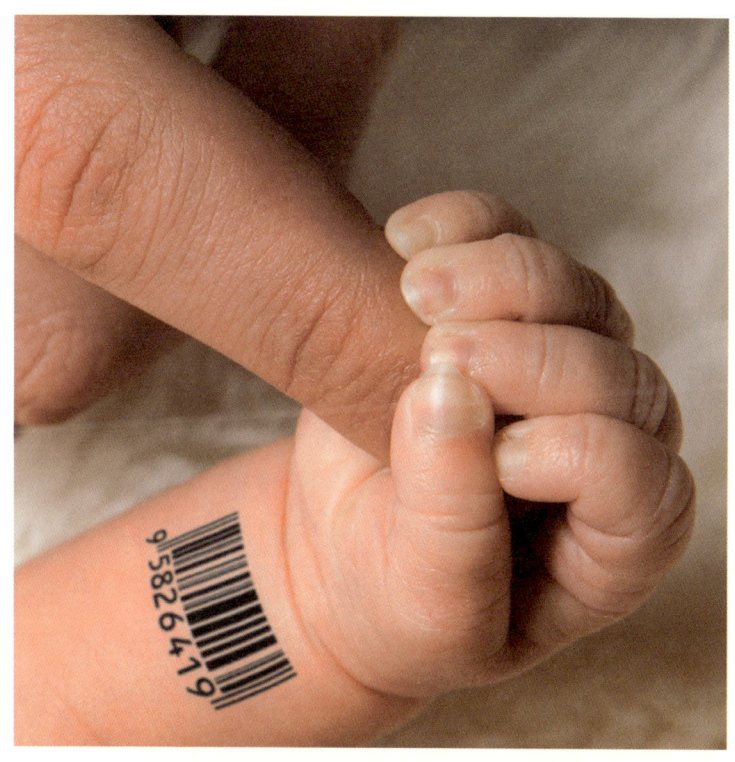

이런 일을 실행한 국가를 독일로 생각할 것이다. 그러나 다양한 환자들과 범죄자들의 불임 시술을 법률로 제정한 최초의 국가는 미국이었다.

1907년 인디애나 주에서 시작해 1950년까지 33개 주에서 이와 같은 법률이 제정되었다. 스위스와 캐나다, 덴마크, 노르웨이와 독일, 핀란드와 스웨덴도 1920~1930년대에 유사한 법률을 제정했다. 우생학이 시작된 영국에서 이런 법률이 제정되지 않은 것은 아이러니한 일이다. 민주주의 전통이 강했던 영국 사회가 이러한 법률이 제정되는 것을 막았기 때문이다. 이와 같은 법률의 제정을 지지하는 사람들의 심리에는 이런 법률이 유전적 결함과 질병의 확산을 막아 줄 것이라는 기대가 숨어 있었다.

이 법률은 실제로 실행되었다. 미국에서는 1907년에서 1948년 사이에 매달 100여 명이 불임 시술을 받게 됐다. 불임 시술을 받은 인원은 총 50,193명이었다. 불임 시술 대상자는 법원의 판결에 따라 결정되었다. 법원은 어떤 사람들에게 이런 불임 시술 명령을 내렸을까? 나라마다 조금 다르지만 일반적인 사례를 살펴보면 범죄자, 정신질환자, 간질병 환자, 기형, 알코올 중독자, 당뇨병 환자, 일부 시각 장애자와 청각 장애자, 정신지체자 등이 대상자였다. 이런 법률의 최종 목적은 사회적으로 부적격한 사람들의 유전자가 유전되는 것을 방지하기 위해 이들을 불임으로 만들어, 사회적 일탈자를 없애려 한 것이다. 지금 생각하면 어처구니없는 일이지만 20세기 중반까지 이런 일이 전 세계적으로 실행되었다는 사실이 놀랍다.

이와 같은 법률 제정에 앞장선 이들은 바로 우생학자였다. 이들이 이런 법률이 제정되도록 힘쓴 이유는 좀 더 좋은 세상을 만들기 위해서였다. 요컨대 이들은 유토피아를 꿈꾼 것이다. 유토피아는 없다는 명확한 사실을 알지 못한 채 말이다.

그럼 현재는 우생학이 없어졌을까? 20세기 중반에 일어났던 불임 시술 법률과 같은 형태는 아니지만, 아직도 우생학은 우리 곁에 남아

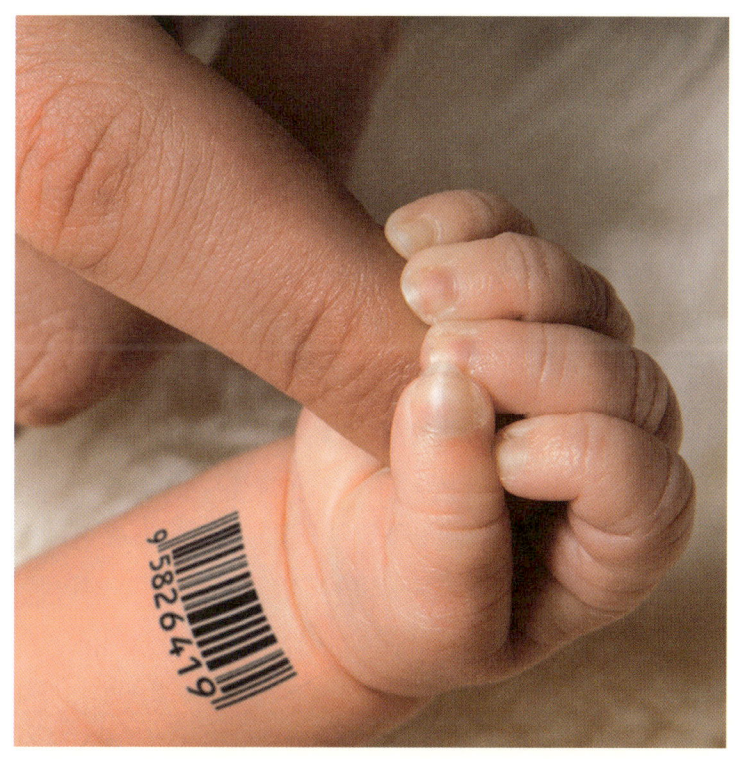

이런 일을 실행한 국가를 독일로 생각할 것이다. 그러나 다양한 환자들과 범죄자들의 불임 시술을 법률로 제정한 최초의 국가는 미국이었다.

1907년 인디애나 주에서 시작해 1950년까지 33개 주에서 이와 같은 법률이 제정되었다. 스위스와 캐나다, 덴마크, 노르웨이와 독일, 핀란드와 스웨덴도 1920~1930년대에 유사한 법률을 제정했다. 우생학이 시작된 영국에서 이런 법률이 제정되지 않은 것은 아이러니한 일이다. 민주주의 전통이 강했던 영국 사회가 이러한 법률이 제정되는 것을 막았기 때문이다. 이와 같은 법률의 제정을 지지하는 사람들의 심리에는 이런 법률이 유전적 결함과 질병의 확산을 막아 줄 것이라는 기대가 숨어 있었다.

이 법률은 실제로 실행되었다. 미국에서는 1907년에서 1948년 사이에 매달 100여 명이 불임 시술을 받게 됐다. 불임 시술을 받은 인원은 총 50,193명이었다. 불임 시술 대상자는 법원의 판결에 따라 결정되었다. 법원은 어떤 사람들에게 이런 불임 시술 명령을 내렸을까? 나라마다 조금 다르지만 일반적인 사례를 살펴보면 범죄자, 정신질환자, 간질병 환자, 기형, 알코올 중독자, 당뇨병 환자, 일부 시각 장애자와 청각 장애자, 정신지체자 등이 대상자였다. 이런 법률의 최종 목적은 사회적으로 부적격한 사람들의 유전자가 유전되는 것을 방지하기 위해 이들을 불임으로 만들어, 사회적 일탈자를 없애려 한 것이다. 지금 생각하면 어처구니없는 일이지만 20세기 중반까지 이런 일이 전 세계적으로 실행되었다는 사실이 놀랍다.

이와 같은 법률 제정에 앞장선 이들은 바로 우생학자였다. 이들이 이런 법률이 제정되도록 힘쓴 이유는 좀 더 좋은 세상을 만들기 위해서였다. 요컨대 이들은 유토피아를 꿈꾼 것이다. 유토피아는 없다는 명확한 사실을 알지 못한 채 말이다.

그럼 현재는 우생학이 없어졌을까? 20세기 중반에 일어났던 불임 시술 법률과 같은 형태는 아니지만, 아직도 우생학은 우리 곁에 남아 있다.

'아들, 키 185센티미터, 아이큐 150을 만들어 드립니다.'

앞으로 이런 광고가 가능할지도 모른다. 유전병에 대한 유전자 치료를 넘어서 이제는 유전자 치환을 통해 인간의 능력을 향상시키려는 노력이 일어날 수 있다. 돈이 있는 사람이라면 맞춤 아이를 낳을 수도 있다. 아이의 키와 지능, 외모 등을 유전자 치환을 통해 원하는 대로 만들 수 있는 시대가 올지 모른다. 이렇게 우월한 외모와 지능을 가진 사람이 사는 곳이 과연 유토피아일 수 있을까? 돈이 없는 사람은 이런 맞춤 아이를 낳을 수 없다. 세상은 철저히 평등하지 않은 방향으로 나아가게 된다. 유토피아는 결코 존재하지 않는다.

REFERENCE

토머스 모어 지음, 주경철 옮김, 『유토피아』(을유문화사, 2007)
올더스 헉슬리 지음, 정승섭 옮김, 『멋진 신세계』(혜원출판사, 2008)
베르나르 베르베르 지음, 전미연 옮김, 『파피용』(열린책들, 2007)
제인 포인터 지음, 박범수 옮김, 『인간 실험』(알마, 2008)
앙드레 피쇼 지음, 이정희 옮김, 『우생학 : 유전학의 숨겨진 역사』(아침이슬, 2009)

Section 19

허그(hug)의 나라

사랑밖에 난 몰라

1 하루살이의 사랑

2 암퇘지의 사랑 결과인 송로버섯

3 나방의 치명적인 페로몬

필자가 대학에 입학했을 당시 학생들의 필독서가 있었다. 지그문트 프로이트(Sigmund Freud, 1856~1939)와 에리히 프롬(Erich Fromm, 1900~1980)의 책이었다. 그 책 가운데 눈을 확 잡아끈 한 권은 에리히 프롬의 『사랑의 기술』이었다. 그 책 제목을 읽는 순간 '그래 나도 선수가 될 수 있어'라는 생각이 들었다. 프롬이 시공을 초월해 선물을 준 느낌까지 들 정도였다.

옆에 노트를 꺼내 놓고 중요한 부분을 옮겨 적을 준비를 하고 책을 읽어 나갔다. 그러나 필자가 원하는 내용은 나오지 않았다. '아마 조금 뒤엔 나올 거야. 중요한 건 항상 마지막에 나오니 말이야'라고 스스로에게 인내를 강요하며 끝까지 읽어 봤지만, 그 책은 끝내 필자의 바람을 외면했다. 열정적이고 뜨거운 에로틱 사랑은 찾을 수 없었고, 아가페적 사랑만이 담겨 있었다. 필자는 절망했다. 필자를 구원할 것만 같았던 책이 배신을 했다. '사랑은 책에서가 아니라 실제 경험에서 배워야 하는구나'라고 생각하며 그냥 현실로 돌아올 수밖에 없었다.

사랑이 무얼까? 사실 이에 대한 대답만 찾아도 백과사전을 가득 채울 수 있을 만큼 글깨나 쓰는 사람들 대부분은 사랑에 대해 이야기해 왔다. 노래도 온통 사랑 타령이다. 그런데 그런 말들이 읽는 이들의 가슴에 와 닿지 않는다. 그러나 과학은 사랑에 대해 쉽고 간결하게 설명해 준다. 과학에서 바라본 사랑은 어떤 모습일까?

4 인간의 체취와 짝짓기

5 식물의 치명적인 사랑

하루살이의 사랑

　하루살이류는 전 세계적으로 2,500여 종이 알려져 있다. 하루살이는 곤충으로 분류되며, 여기에는 잠자리, 실잠자리 등이 포함되어 있다. 애벌레는 민물에서 1년을 살아간다. 성충은 보통 3~4일, 길면 2주일 정도까지 산다. 따라서 애벌레 기간까지 포함하면 하루살이는 하루만 사는 게 아니라 1년가량 사는 것이다.

　유충에게는 입이 있지만, 성충은 입이 퇴화하여 먹이를 섭취하지 못하거나, 입이 있다고 해도 수분 섭취만 하는 정도다. 하루살이는 살아 있는 동안 번식 활동만 한다. 그러니까 애벌레 시절에 몸을 잘 만들어 놓고 성충이 되어서는 아무것도 먹지 않고 지낸다. 한마디로 말해서 하루살이는 성충으로 살아 있는 동안 사랑만 한다는 말이다.

　인간의 시각에서 볼 때 하루살이의 생애는 짧다. 그런데 몇 천 년을 사는 나무 입장에서 보면 인간의 생애도 짧다. 그러니 시간의 길고 짧음이 중요한 게 아니다. 성충이 된 수컷 하루살이는 허니문 기간 중에 죽어 버린다. 그리고 암컷은 자신의 고향인 물이나 습지로 가서 알을 낳고 죽는다.

　하루살이는 교미를 위해 떼를 지어 날아다닌다. 주로 수컷이 그러

한데, 이렇게 함으로써 암컷의 눈에 쉽게 띄고자 하는 것이다. 그런데 문제는 이렇게 몰려다니면 포식자인 새에게 잡혀 먹힐 확률도 높아진다는 것이다. 그럼에도 녀석들은 이런 몸짓을 멈추지 않는다. 죽음의 위험이 있을지라도 짝짓기를 해서 자신의 유전자를 남기는 것이 더 중요하기 때문이다.

하루살이는 여름철 우리에게 혐오감을 주지만, 녀석들은 살아 있는 동안 생명의 최종 목표인 번식을 위해 최선을 다하고 있다. 일체의 음식도 거부한 채 말이다. 이런 상황을 알고 녀석들을 보면 혐오감이 줄어들지도 모른다. 생명은 모두 소중하다. 하루살이일지라도 말이다.

암퇘지의 사랑 결과인 송로버섯

지구상에서 가장 비싼 음식이라는 송로버섯을 채취하기 위해서는 암퇘지를 동원한다. 우리는 냄새를 가장 잘 맡는 동물로 개를 꼽는다. 마약이나 폭발물을 탐지해 내는 사실에서 알 수 있는 것처럼 개는 후각이 뛰어나다. 개는 우리가 맡을 수 있는 냄새를 100만 배 희석한 냄새까지도 맡을 수 있다. 그렇게 개가 후각이 뛰어나건만 송로버섯 채취에는 암퇘지가 쓰인다. 수퇘지도 아니고 말이다.

여기에는 확실한 이유가 있다. 송로버섯에서는 수퇘지에게서 나는 것과 같은 냄새가 강하게 나기 때문이다. 암퇘지는 땅속 깊이 묻혀 있는 송로버섯을 냄새로 확인하고는 그곳에 수퇘지가 있는 줄 알고 미친 듯이 땅을 파헤친다. 송로버섯을 찾는 암퇘지는 사랑에 빠진 것이다. 그러니 인간은 돼지의 사랑을 이용하는 셈이다. 2013년 6월 7일자 〈아시아경제〉의 보도에 의하면 송로버섯은 경매에서 '파운드(약 454g)당 19만 6000파운드(약

3억 3,400만 원) 이상에 낙찰'되었다고 하니, 1그램당 73만 5천 원 정도 된다. 그렇다면 금값과 비교해 보자. 2013년 7월 중순 현재 국내 금값은 1그램당 4만 6천 원가량 된다. 그러니 송로버섯이 같은 무게의 금보다 열여섯 배 이상 비싼 셈이다. 국내 자연산 송이버섯과도 비교해 보자. 2012년 10월 산림조합중앙회에서 공시한 가격에 의하면 최상품 1킬로그램의 가격이 38만 원이다. 그램당 38원이라는 말이다. 송로버섯과는 차이가 크다. 역시 사랑의 가격은 비싸다. 돼지의 사랑일지라도 말이다.

송로버섯은 최음제로도 알려져 있다. 그러니 송로버섯을 먹는 것은 돼지의 사랑을 훔쳐 우리의 미각과 사랑으로 바꾸는 셈이다.

송로버섯

나방의 치명적인 페로몬

나방의 경우, 발정기의 암컷이 페로몬을 발산하면 그 미세한 냄새에 취한 수컷은 1~2킬로미터나 되는 먼 거리에서도 암컷을 찾아간다. 나방 중에는 나무에 해를 주는 종도 많아서 해충으로 분류된다. 이 나방을 잡기 위해 살충제를 사용하면 자연 환경이 파괴될 뿐만 아니라 살충제에 내성을 가진 나방이 나타나기에 지금은 다른 방법을 사용한다.

레이첼 카슨의 『침묵의 봄』을 보면 자연 방제에 대한 가능성이 소개된다. 예컨대 암컷 나방의 페로몬을 만들어 뿌려서 수컷 나방이 암컷인 줄 착각하여 모여들도록 하고, 이때 포획한다는 것이다. 실제로 이 방법은 현재 우리나라에서도 사용되고 있다.

미국흰불나방은 북미 원산으로 우리나라에는 1958년에 들어왔다. 이 나방은 가로수나 생활권역에 있는 활엽수에 큰 피해를 준다. 또 회양목명나방은 가로수나 정원수로 많이 활용되는 회양목에 피해를 준다. 국립산림과학원에서는 이 두 종의 나방을 대상으로 페로몬 방제 실험을 진행하고 있다.

먼저 과학자가 암컷의 페로몬을 얻은 뒤 화학적 성분을 찾아낸다. 그러고는 이를 인공적으로 만든다. 이렇게 만들어 낸 가짜 암컷 페로몬으로 수컷을 유인하는 것이다. 이런 방법으로 만든 장치를 '페로몬 트랩'이라 부른다. 2012년에 서울숲에서는 미국흰불나방의 페로몬으로 유인 실험을 진행한 결과, 트랩당 29.3마리가 포획되었으며 회양목명나방의 경우는 트랩당 9마리가 잡혔다. 그러나 페로몬을 설치하지 않은 트랩에는 한 마리도 채집되지 않은 것으로 봐서 이 페로몬 트랩은 확실히 효과가 있다고 보인다.

이런 방법의 좋은 점은 방제하고자 하는 해충만 잡을 수 있다는 점이다. 살충제를 뿌리면 해충도 죽지만 이로운 곤충도 죽일 수 있다는 단점이 있다. 예컨대 살충제는 벌도 죽인다는 말이다.

수컷은 '페로몬 트랩'에서 나오는 냄새가 암컷의 페로몬인 줄 알고 달려오지만 자신을 죽일 수 있는 '팜므 파탈'이란 사실은 전혀 모른다. 암컷 나방을 향한 수컷의 사랑은 죽음으로 끝나고 만다. 사랑! 정말 죽음을 담보로 한 행동이다.

인간의 체취와 짝짓기

인간은 시각을 중시하는 동물이다. 우리 뇌에서 시각을 담당하는 부위가 70퍼센트나 된다. 인간은 또한 후각에도 크게 의존한다.

우리의 후각 체계는 감각 중에서 가장 먼저 발달한다. 태아는 자궁에서 12주 정도가 지나면 냄새에 대한 감각이 완전히 자리를 잡는다. 시각은 태어나서도 몇 년에 걸쳐 발전하는 것에 비하면 후각은 아주 초기에 발달하는 셈이다. 그만큼 후각이 생존과 번식에 아주 중요하다는 의미일 것이다.

여성의 후각은 남자보다 뛰어나다. 그러나 이는 배란기에만 해당한다. 나머지 기간에는 여자가 남자보다 냄새를 잘 맡지 못한다. 생리 기간 중에 여성의 후각 능력은 더욱 떨어진다. 요컨대 여자는 임신이 가능한 시기에 후각 기능이 제일 강해진다는 말이다. 또한 여자들은 삶에서 중요한 결정을 할 때면 자신의 코에 의지하는 경우가 많다고 한다. 특히 배우자를 결정하는 때 그런 경우가 많다고 한다. 왜 그럴까?

생쥐의 예를 한번 살펴보자. 암컷 생쥐는 자신의 짝을 고를 때 후각에 의존한다. 자신과 '주조직적합 복합체(MHC, major histocompatibility complex)'가 다른 수컷을 고르기 위해서다. 쉬운 말로 바꾸면 자신과 면역계가 다른 짝을 선택한다는 말이다. '주조직적합 복합체'는 유전자 뭉치로, 이 유전자는 면역 정보를 담고 있다. 암컷 생쥐가 자신과 다른 MHC를 가진 수컷 생쥐를 선택한다는 것은 다양한 면역계를 가진 후손을 갖고 싶기 때문이다. 집단 전체에 치명적인 전염병이 돌았다고 가정해 보자. 집단 전체가 이 전염병에 취약한 면역계를 가지고 있다면 전멸하고 말 것이다. 그러나 다양한 면역계가 존재한다면, 이 전염병에도 살아남는 개체가 생긴다. 즉, 다양한 면역계가 있다는 말은 종족의 생존 가능성을 높여 준다는 말이다.

다시 사람의 경우로 돌아와 보자. 스위스 베른 대학의 클라우스 베데킨트Claus Wedekind는 여성을 대상으로 MHC 체취와 파트너 선택 사이의 연관성을 실험해 보았다. 먼저 실험에 참가한 남성에게 이틀 동안 면 티셔츠를 입은 채로 자게 했고, 술을 마시지 못하게 했으며, 양파도 못 먹게 하고, 성행위도 금지했다. 48시간 후 이들이 입고 있던 티셔츠를 수거해 여자들에게 가지고 갔다.

여자들로 하여금 상자 속에 들어 있는 티셔츠의 냄새를 맡게 하고 가장 마음에 드는 것을 고르게 했다. 여자들은 일관되게 자신과 MHC 유형이 가장 다른, 즉 자신과 면역계가 가장 다른 남성의 티셔츠를 가장 섹시하고 좋은 냄새가 나는 것으로 선택했다. 여자들은 면역계가 전반적으로 잘 발달되어 있는 남자를 고르지 않고, 자신의 면역계와 상호보완적인 남자를 고른 것이다. 요컨대 여자가 남자를 선택하는 데에는 남자의 화학적 구성이 꽤 중요한 작용을 한다는 말이다.

인간의 후각은 짝을 찾을 때도 쓰이지만, 생활 전체에 있어서 아주 중요한 역할을 한다. 후각을 상실한 사람들의 사례를 살펴보면 후각의 중요성을 확실히 알 수 있다. 후각을 잃으면 자신과 남을 알아보는 능력에 장애가 생긴다. 또한 정서적인 삶이 교란되며, 음식을 즐기지도 못한다. 따라서 건강도 나빠지고 성욕도 잃게 된다. 냄새는 우리 삶을 풍부하게 해 주고, 깊이 있는 감정을 안겨준다.

Section 19
5

식물의 치명적인 사랑

동물만이 사랑에 빠지는 건 아니다. 식물도 마찬가지다. 육지에 있는 동물의 사랑은 육체의 직접적인 접촉을 필요로 한다. 그러나 물고기나 식물은 간접적인 방법을 선택한다. 물고기의 경우, 암컷이 알을 낳으면 수컷이 그 위에 정자를 뿌린다.

동물은 페로몬으로 연락을 해서 암수 둘이 직접 만나 사랑을 하지만, 스스로 움직일 수 없는 식물은 매개자를 이용한다. 택배 서비스를 이용한다고 생각하면 된다. 반면에 식물이라도 소나무는 택배 서비스를 이용하지 않는다. 소나무는 수컷의 정자인 송홧가루를 바람에 실어 보낸다. 하지만 아무리 많은 양의 송홧가루를 보내도 이런 방식으로는 수정을 성공시킬 확률이 떨어질 수밖에 없다. 그래서 식물들은 좀 더 효율적이고 확률을 높일 수 있는 방법을 택하게 되었다. 이로써 아름다운 꽃으로 곤충을 유혹하는 식물이 생겨났다. 이런 새로운 종을 '현화顯花식물'이라 부른다. 오늘날 현화식물은 23만 5,000종으로, 식물 가운데 가장 많은 수를 차지하고 있다.

현화식물에 있어서 꽃은 바로 동물의 생식기 역할을 한다. 꽃은 곤충에게 꿀이 있다는 사실을 알리는 표시다. 그런데 모든 꽃에 꿀이

있는 건 아니다. 넓은잎습지난초는 꿀을 만들지 않는다. 그럼에도 꽃의 색깔이 강렬하고 얼룩무늬도 선명해서 곤충으로 하여금 꿀이 있는 것으로 착각하게 만들어 접촉을 유도한다. 이렇게 곤충이 꽃과 꽃을 옮겨 다니는 과정에서 수분이 일어난다. 곤충의 입장에서는 요금도 받지 않고 택배 서비스를 해 주는 셈이다. 이와 같은 속임수를 쓰는 식물이 상당히 많다. 이런 속임수를 '의태(mimicry)'라고 하는데,

의태를 한 나방

자신의 몸과 주변 색을 비슷하게 해 포식자의 눈에 띄지 않게 하는 것도 의태의 일종이다.

넓은잎솜지난초가 곤충에게 택배 요금을 내지 않는다고 말했지만, 사실 화려한 꽃을 만들어 내는 것 자체만으로도 식물은 엄청난 에너지를 지불한다. 꿀을 만들어 내지 않는 만큼 꽃에 더 많은 투자를 하는 셈이다. 자신의 사랑을 위해 곤충을 속이기까지 하는 식물의 모습을 보면 식물은 대단히 똑똑한 것 같다. 그렇지만 식물의 사랑은 가엾다. 자신의 짝을 직접 만나 손을 잡지도 못하고 어떤 접촉도 하지 못하기 때문이다.

사랑은 생물의 최종 목표인 번식을 위해 필요한 것이다. 하지만 사실 성은 번식에 있어서는 아주 불편한 방식이다. 애써 시간과 자원을 낭비하며 짝을 찾는 노력 없이 자신의 복제품을 만들어 내는 것이 번식에 있어서 더 유리하다. 그럼에도 불구하고 생물 세계를 들여다보면 많은 생물이 유성 생식을 한다. 다시 말해 짝을 찾기 위해 무진장

노력한다는 말이다. 왜 이렇게 불편한 짝짓기를 해야 할까? 앞에서 살펴보았듯 유성 생식의 장점이 크기 때문이다. 유성 생식을 함으로써 후대에서는 선조에게는 없던 새로운 유전자 조합이 생겨나게 되고 이를 통해 급격한 환경 변화에도 살아남을 수 있게 된다. 이 모두가 사랑 때문이다.

사랑은 정말 중요하다. 그리고 위대하다. 사랑이 없다면 지구상에는 어떤 생물도 존재하지 않았을 것이다.

REFERENCE

다이앤 애커먼 지음, 백영미 옮김, 『감각의 박물학』(작가정신, 2004)
레이첼 카슨 지음, 김은령 옮김, 『침묵의 봄』(에코리브르, 2011)
레이첼 허즈 지음, 장호연 옮김, 『욕망을 부르는 향기』(뮤진트리, 2013)
폴커 아르츠트 지음, 이광일 옮김, 『식물은 똑똑하다』(들녘, 2013)
이사아경제, 2013년 6월 7일, 〈1,800만 원 멜론 "백만장자들을 위한 과일"〉
블로그 [과학의 숲에서 만나는 KISTI의 과학향기], 2013년 7월 29일, 〈이제 방제도 친환경! 산림 해충 잡는 페로몬〉

Section 20

강한 자가
승리하는 게 아니라
승리하는 자가 강하다

버티면서 승자가 되는 방법

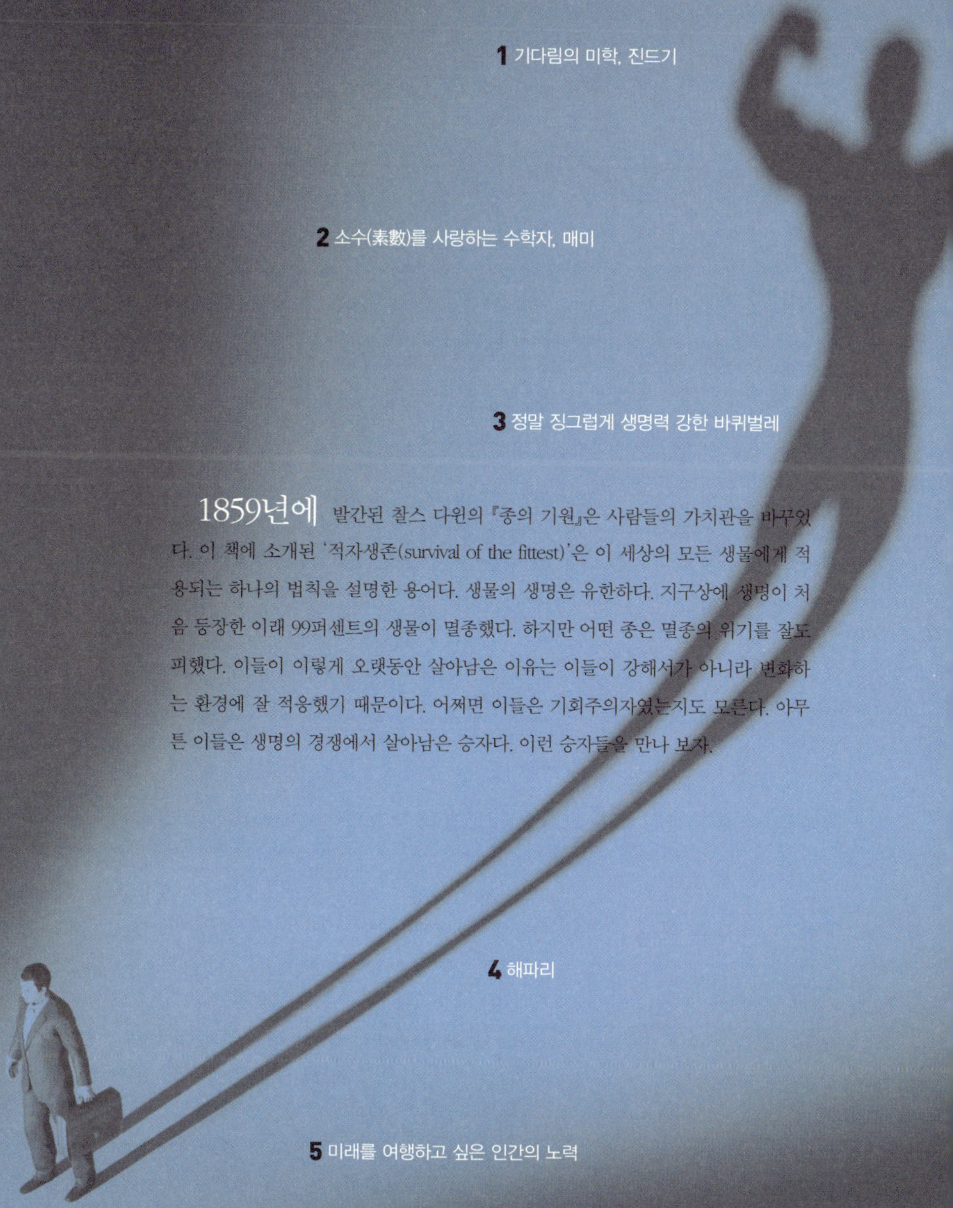

1 기다림의 미학, 진드기

2 소수(素數)를 사랑하는 수학자, 매미

3 정말 징그럽게 생명력 강한 바퀴벌레

1859년에 발간된 찰스 다윈의 『종의 기원』은 사람들의 가치관을 바꾸었다. 이 책에 소개된 '적자생존(survival of the fittest)'은 이 세상의 모든 생물에게 적용되는 하나의 법칙을 설명한 용어다. 생물의 생명은 유한하다. 지구상에 생명이 처음 등장한 이래 99퍼센트의 생물이 멸종했다. 하지만 어떤 종은 멸종의 위기를 잘도 피했다. 이들이 이렇게 오랫동안 살아남은 이유는 이들이 강해서가 아니라 변화하는 환경에 잘 적응했기 때문이다. 어쩌면 이들은 기회주의자였는지도 모른다. 아무튼 이들은 생명의 경쟁에서 살아남은 승자다. 이런 승자들을 만나 보자.

4 해파리

5 미래를 여행하고 싶은 인간의 노력

기다림의 미학,
진드기

'진드기 같은 사람'이라는 말이 있다. 진드기는 한 번 들러붙으면 잘 떨어지지 않는 성격을 지녔기에 이 말은 끈질긴 사람을 의미한다. 과연 이 말이 맞는지 진드기에 대해서 알아보자.

진드기는 거미과에 속하는 기생 동물이다. 녀석은 강한 턱을 가지고 있다. 성체가 되면 높은 나무로 올라간다. 눈도 없고 귀도 없건만 진드기는 본능적으로 높은 곳으로 올라가야만 한다는 것을 안다. 나무 이파리에 매달려 있으면서 진드기는 자신이 움직일 때를 기다린다.

진드기는 볼 수도 없고 듣지도 못하지만, 후각이 잘 발달되어 있다. 녀석은 나무 위에서 온혈 동물의 몸에서 나는 냄새를 알아챈다. 온혈 동물의 동물성 지방이나 땀에서 나는 냄새, 바로 부티르산 냄새가 녀석을 움직이게 만든다. 또 녀석의 피부는 열을 감지할 수 있는 능력도 가지고 있다. 진드기는 이 냄새가 나고 따뜻한 곳으로 몸을 날린다. 바람이 불어서 실패할 경우도 있으나 성공할 경우 진드기는 동물의 몸에 붙어 따듯한 피를 포식할 수 있다. 배가 가득 차면 녀석은 동물에게서 떨어져 알을 낳고 죽는다.

그런데 나무 위에서 온혈 동물을 기다리건만 그 냄새도 열도 감지

하지 못하면 어떻게 할까? 그냥 굶어죽을지 걱정이 된다. 하지만 녀석은 수십 년 간을 기다리며 살 수 있다. 자신의 목표, 즉 번식을 하기 위해 녀석은 수십 년 동안을 견딘다는 말인데, 우리 인간으로서는 상상도 할 수 없는 인내력이다. 진드기는 자연계에서 승자임에 틀림이 없다.

소수(素數)를 사랑하는 수학자, 매미

2, 3, 5, 7, 11, 13, 17… 이 숫자는 소수素數, prime number다. 즉 자신과 1 이외에는 나누어지지 않는 정수를 말한다. 매미가 이 소수를 알고 있다고 하면 어떨까? 누구나 당연히 말도 안 되는 소리라고 할 것이다. 맞다. 매미가 소수를 알 수는 없다. 그러나 매미의 생애는 소수와 밀접한 관계를 가지고 있다.

여름철이면 집 근처 나무에서는 매미의 울음소리를 쉽게 들을 수 있다. 시끄럽다고 생각할 정도로 큰 소리로 운다. 소리를 내는 매미는 모두 수컷이다. 수컷의 울음소리는 암컷을 유혹하는 수단이다. 여자들이 목청 좋고 노래 잘하는 남자를 좋아하듯, 암컷 매미도 목소리 큰 수컷 매미를 좋아하니, 수컷 매미는 저마다 큰 소리를 낼 수밖에 없다.

매미는 유충에서 성충이 되기까지 보통 5년, 7년, 13년, 17년이 걸린다. 요컨대 매미는 유충으로 땅속에서 지내는 기간이 모두 소수다. 이에는 분명한 이유가 있다. 물론 매미가 숫자를 계산한다는 의미는 아니지만, 이렇게 소수 주기로 살아가는 것은 천적을 만날 확률을 낮추고, 같은 종끼리 경쟁도 덜 하게 되어, 생존과 번식에 유리하기 때문이다.

먼저 소수 주기로 성충이 되면 천적을 만날 확률이 작아지는 이유부터 살펴보자. 예를 들어 매미가 성충이 되는 주기가 5년이고 천적이 성체가 되는 주기가 2년이면 매미가 천적과 만날 기회는 10년마다 온다. 그런데 매미가 17년 주기로 나타나고 천적이 3년 주기로 나타난다면, 간단히 계산해서 51년이 되어서야 둘이 만날 수 있다는 말이다. 그러니 매미의 입장에서는 천적을 피해 잘 생존하고 번식할 수 있다는 이야기다.

매미의 애벌레가 모두 성충이 되지는 않는다. 성충으로 성장하는 매미는 2퍼센트에 불과하다. 그러니 98퍼센트는 애벌레 시절에 죽는다. 성충으로 성장한 수컷 매미는 오로지 짝짓기를 위해서 산다. 암컷을 유혹하기 위해 수컷 매미는 시끄럽게 울어댄다. 녀석들은 120데시벨의 큰 소리로 울어댄다. 이 수치는 록밴드 공연에서 맨 앞좌석에서 느낄 수 있을 만큼의 큰 소리다. 1.6킬로미터 밖에서도 그 소리가 들린다니 정말 대단하다.

그렇다면 매미는 왜 17년을 선택했을까? 이 질문에 대답하기 위해서는 찰스 다윈이 필요하다. 요컨대 매미가 17년을 선택한 것이 아니라, 자연이 그 숫자를 선택했다는 이야기다. 매미 입장에서 1년 주기

▼ 매미가 지구상에서 오랫동안 살아왔음을 증명하는 매미의 화석

로 성충이 되는 개체도 있었고, 2년 주기 혹은 4~5년 주기로 성충이 되는 경우도 있었을 것이다. 그런데 13년이나 17년 주기로 성충이 되는 매미가 생겼는데, 이 녀석들이 생존과 번식에 아주 유리했기에 그런 개체가 자연선택(natural selection) 되었다는 말이다. 아마 17년이 부족하다고 느끼면 녀석들은 19년 그리고 23년도 선택할 것이다. 시간만 주어지면 모두 가능해진다.

소수매미(prime number cicada)는 전 세계에 30종이 있다. 우리나라에 있는 말매미는 7년 주기로 살아간다. 어느 해에 매미 소리가 시끄럽다면, 바로 어떤 말매미 집단이 나타난 지 7년이 되었기 때문이라고 생각하기 바란다. 매미의 생애를 알게 되면 그 시끄러운 소리도 참을 수 있을 것이다.

정말 징그럽게 생명력 강한 바퀴벌레

집집마다 바퀴벌레 퇴치에 몸살을 앓는다. 집 안 곳곳에 약을 뿌리지만, 어찌된 일인지 바퀴벌레는 살충제를 비웃기라도 하는 것처럼 여전히 집 안 곳곳을 돌아다닌다. 지구가 멸망하더라도 바퀴벌레는 살아남을 것이라고 사람들은 농담처럼 얘기한다. 바퀴벌레의 생명력을 생각하면 이 말이 농담만은 아닌 듯하다.

『인간 없는 세상』에서 앨런 와이즈먼Alan Weisman, 1947~은 인간이 멸종하면 바퀴벌레도 멸종할 거라고 예상했다. 그 이유는 바퀴벌레가 인간에게 기생하는 동물이라고 보고 있기 때문이다. 요컨대 바퀴벌레는 인간 주거지의 따뜻한 공간 속에서 살아가기에 인간이 없어진다면 그런 따스한 환경을 계속 누릴 수가 없어, 겨울을 한두 번 거치는 동안에 멸종한다고 보았다.

그러나 리처드 포티Richard A. Fortey, 1946~의 이야기는 전혀 다르다. 바퀴벌레는 3억 년 전에 지구에 태어나 현재까지 번성하고 있다. 쉽게 말해 녀석은 지구의 역사 속에서 벌어진 지난 두 차례의 대규모 멸종 사건에서 살아남았다는 말이다. 실제로 많은 곤충은 생명이 아주 짧다. 성체가 되어서 열심히 짝짓기만 하다가 죽게 마련이다. 그러나 이 녀석들은 다르다. 그들은 아주 오래 살며 통 안에 갇힌 채로도 몇 년이나 버틸 수 있다. 먹지 않고도 한 달이나 견딜 수 있다. 알도 많이 낳기에 종의 생존 가능성은 더욱 커진다. 이 녀석들은 먹이가 있으면 마지막 한 조각까지도 게걸스럽게 먹어 치우며 먹이가 다 떨어지면 서로를 먹어치울 정도로 생존력이 강하다.

해파리

　지구 온난화의 결과로 해수의 온도도 올라갔다. 그래서 한반도 주변 바다의 생태계도 변화하고 있다. 아열대 지역에 사는 어류가 한반도 근처에까지 올라온다. 문제는 해파리 개체 수가 급증함에 따라 어류의 수가 감소하고 있다는 데 있다. 게다가 해수욕장에서 사람들이 해파리의 독이 있는 촉수에 쏘이는 경우도 있다. 국립수산과학원의 발표에 의하면 우리나라에 나타나는 해파리는 모두 31종으로 이 중 사람에게 피해를 주는 독성 해파리는 7종이다. 특히 노무라입깃해파리는 사람을 숨지게 할 정도로 독성이 강하다. 우리나라에서는 연평균 100명 이상이 해파리로 인해 피해를 입고 있다. 그래서 해파리를 없애야 할 텐데, 이게 결코 쉽지 않다. 해파리가 만만한 동물이 아니기 때문이다.

　해파리가 지구상에 나타난 시기는 지질학 용어로 말하자면 선캄브리아대로 약 6억 3,500만 년~5억 4,200만 년 전이다. 호주 남부 에디아카라Ediacara 지역에서 가장 오래된 해파리 화석이 발견되었다. 이곳에서는 해파리뿐만 아니라 여러 생물의 화석이 발견되었는데, 이 동물들을 통틀어 에디아카라 동물군Ediacara fauna이라 부른다.

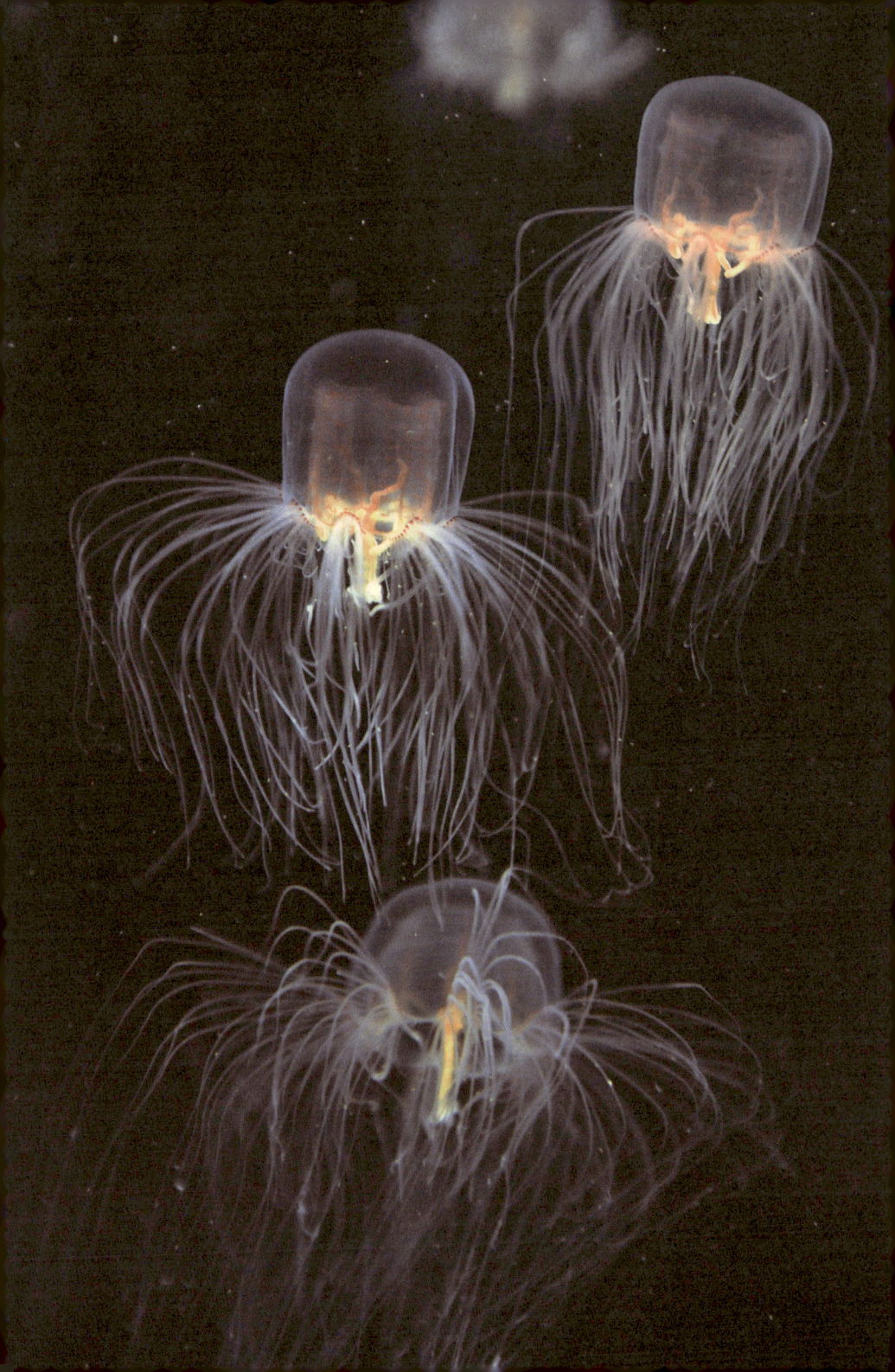

캄브리아기 이후에 지구에는 다섯 번의 대량 멸종 상황이 있었다. 해파리는 그 많은 멸종 위기에서도 생존했다. 소행성이 지구에 충돌해 공룡이 멸종하고 신생대가 시작된 6,500만 년 전의 대멸종 사건에도 살아남았다. 어떤 이유로 해파리는 살아남았을까?

삼엽충 전문가이자 과학 저술가인 리처드 포티는 이렇게 말한다.

"운석이 충돌했을 때 해파리는 세계의 반대편으로 흘러갔다. 얼음이 대륙들을 뒤덮었을 때에도 해파리가 살아남을 수 있을 만큼 얼어붙지 않은 바다가 있었다. 수심이 깊은 곳의 산소가 부족해졌을 때에는 수면이 지내기에 좋은 곳이 되었다."

즉, 해파리는 등뼈도 없는 동물이지만 흐느적거리는 몸짓으로 생존을 위한 방향으로 나아갔다. 또 해파리는 다양한 수온에서 살 수 있으므로, 지금의 지구 온난화 시대에도 생존에 전혀 문제가 없다. 포티의 말을 한 번 더 들어 보자.

"해파리는 남들이 힘든 시기에 더욱 번성한다."

그렇다면 해파리는 언제까지 살아갈 수 있을까? 녀석들은 아마 인간이 멸종하는 순간도 지켜볼 것이다. 우리는 해파리냉채를 먹는 것으로 스스로 그들보다 강하다고 생각하지만, 이는 우리의 착각이다. 녀석들은 인간이 없어진 지구에서도 바다 속을 유유히 헤엄치며 살아갈 것이다. 해파리는 인간보다 훨씬 강한 존재다.

미래를 여행하고 싶은 인간의 노력

중국을 통일한 진시황에게도 걱정이 있었다. 그것은 자신이 죽을 수밖에 없다는 사실이었다. 그는 자신의 죽음을 미루기 위해 불로초를 찾았다. 그러나 불로초는 이 세상에 존재하지 않았다. 천하를 다 가진 그도 죽음을 피할 수는 없었다. 우리는 모두 건강하게 오래 살기를 원한다. 건강에 좋다는 음식을 찾아서 먹고 운동하며 좀 더 건강하게 살고 싶어 한다. 사람들의 이러한 바람은 '냉동 인간'으로 나타났다.

▶ 냉동 인간 이론을 처음 주장하고 책까지 펴냈던
로버트 에틴거(Robert Chester Wilson Ettinger, 1918~2011)

질소가 액화되는 온도인 섭씨 영하 196도에서 인체를 냉동시키는 방법으로 1967년 미국에서 최초로 인간이 냉동 보존되었다. 이들은 미래를 향한 여행을 시작했다. 수백 년 후 다시 부활할 것을 꿈꾸며 말이다. 훗날 언젠가 과학자와 의사가 자신의 생명과 원기를 되찾아 주기를 기대하며 이들은 냉동을 선택했다. 만약 계획이 성공한다면 이들은 진시황의 꿈을 실현할 수도 있다. 그 확률이 아주 낮아도 한번 시도해 봄직한 일 아닌가.

뇌 기능이 정지하고 혈액이 순환하지 않으면 인간은 죽는다. 그리고 부패가 시작된다. '냉동 인간'은 부패가 시작되기 전 상태에서 인체를 급속도로 냉동시킨 다음, 시간이 지난 후에 냉동했던 인체를 다시 되살린다는 계획을 시도한 것이다. 예컨대 암으로 죽을 운명에 처한 환자를 냉동시킨 후 미래에 암을 치료할 수 있는 의학 기술이 발달했을 때 몸을 해동시키고 살려낸다는 것이다. 현재까지 100여 명의 사람이 부활을 기다리며 냉동을 선택했다.

냉동 인간이 시도되기 4년 전에는 액체 질소로 두 달 동안 냉동했다가 해동시킨 정자로 인공 수정에 성공한 사례도 있었다. 또한 골드햄스터를 반쯤 냉동한 후에 소생시키는 실험에 성공하기도 했다. 실험 대상이었던 골드 햄스터는 특히 뇌 속의 액체 중 절반 이상이 얼음이 되었으며 몸도 강직된 상태였으나 정상적으로 보일 만큼 회복되었다. 이 실험은 정신적인 능력이 냉동과 해동을 거치면서도 유지될 수 있다는 가능성을 보여 주었다.

만약 이 계획이 성공한다면 당사자는 정말 영생을 누릴 수도 있을 것이다. 다만 이런 일에는 돈이 들기 마련이니 가난한 사람에게는 그림의 떡이다. 게다가 냉동 인간 수가 많아진다면 먼 훗날에 인구 문제가 생길 수도 있다. 또한 탄생과 죽음이라는 생명의 주기 그 사이

에서 인간이 추구하는 삶의 목적이 무엇인지에 대한 질문에 대해 새로운 대답을 찾아야 할지도 모른다.

영생을 꿈꾸는 냉동 인간 이야기는 주제 사마라구José Saramago, 1922~2010의 소설 『죽음의 중지』의 내용을 생각나게 한다.

새해 아침부터 사람들이 죽지 않게 된다. 큰 사고를 당해도 불치병에 걸려도 사람들은 죽지 않았다. 이런 이상한 일이 일어나자 사람들은 영원한 삶을 누리게 된 사실에 환호한다. 그러나 죽음이 없어지면서 장례업체나 양로원, 병원이 더 이상 필요 없게 된다. 또한 질병으로 인해 고통을 받고 있지만 죽지 못해 오히려 더 힘들어지는 사람도 생겨나게 된다. 주제 사마라구는 이 소설에서 죽음이 없어진다는 일이 결코 행복하지 않음을 보여 준다.

인위적으로 삶을 연장하려는 어떤 시도도 결코 우리를 행복하게 하거나 삶을 풍요롭게 하지 못할 것이다. 죽음이 있기에 삶이 아름다운 것이다. 영생을 원하는 것은 결코 승자가 되는 방법이 아니다. 이 경우 패자가 오히려 좋은 것이다.

REFERENCE

마커스 드 사토 지음, 안기연 옮김, 『넘버 미스터리』(승산, 2012)
알렉산드라 호로비츠 지음, 구세희 옮김, 『개의 사생활』(21세기북스, 2011)
리치드 포디 지음, 이한음 옮김, 『위대한 생존자들』(까치, 2012)
앨런 와이즈먼 지음, 이한중 옮김, 『인간 없는 세상』(랜덤하우스코리아, 2007)
로버트 에틴거 지음, 문은실 옮김, 『냉동 인간』(김영사, 2011)
주제 사마라구 지음, 정영목 옮김, 『죽음의 중지』(해냄, 2009)
연합뉴스, 2013년 8월 19일, 〈해수욕장 맹독성 해파리 주의보, 쏘인 환자 급증〉

과학자는 유용하기 때문에 자연을 연구하는 것이 아니다.
자연을 연구하는 것이 즐거워서이다.
그 속에서 즐거움을 느끼기 때문이다.

_앙리 푸앵카레(Jules-Henri Poincaré, 1854~1912)

진정한 과학공부

고학년 꼭 읽어야 할 기본 기림

초판 1쇄 펴낸 날 2013년 11월 18일
초판 4쇄 펴낸 날 2016년 5월 10일

지은이   이동환

펴낸이   배충진
편집   정일영
디자인   장하린·강진영·임정훈
마케팅   장효선·박진영·정혜진·황가미
의기획   장효선
편집   정일영·유미경
펴낸곳   꿈결

등록   2011년 12월 1일 (제318-2011-000145호)
주소   서울시 영등포구 양산로 50길 3 공간플러스빌 6F
대표   전화 1544-6533
팩스   02) 749-4151
홈페이지   www.88umil.co.kr
블로그   blog.naver.com/88umgyeol
이메일   88umgyeol@naver.com
트위터   twitter.com/88umgyeol
페이스북 facebook.com/88umgyeol
에듀카페 cafe.naver.com/88umgyeoledu

ⓒ 이동환 2013

ISBN 978-89-98400-10-1 03400

■ 이 책은 저작권법에 따라 보호받는 저작물이므로, 저작자와 출판사 양측의 동의 없이는
  일부 혹은 전체를 인용하거나 옮겨 실을 수 없습니다.
■ 잘못된 책은 구입한 서점에서 바꿔 드립니다.
■ 책값은 뒤표지에 있습니다.

꿈결은 (주)꿈결플러스의 자회사입니다.